园林规划设计

主编　于娓娉　刘　芳

哈尔滨

图书在版编目（CIP）数据

园林规划设计 / 于娓娉，刘芳主编. -- 哈尔滨 : 黑龙江大学出版社，2023.7
ISBN 978-7-5686-0869-5

Ⅰ. ①园… Ⅱ. ①于… ②刘… Ⅲ. ①园林—规划②园林设计 Ⅳ. ①TU986

中国版本图书馆 CIP 数据核字（2022）第 154629 号

园林规划设计
YUANLIN GUIHUA SHEJI
于娓娉　刘　芳　主编

责任编辑　宋丽丽
出版发行　黑龙江大学出版社
地　　址　哈尔滨市南岗区学府三道街 36 号
印　　刷　廊坊市广阳区九洲印刷厂
开　　本　787 毫米 ×1092 毫米　1/16
印　　张　12.25
字　　数　305 千
版　　次　2023 年 7 月第 1 版
印　　次　2023 年 7 月第 1 次印刷
书　　号　ISBN 978-7-5686-0869-5
定　　价　49.90 元

本书如有印装错误请与本社联系更换，联系电话：0451-86608666。

前 言

“园林规划设计”是一门实践性强、知识点跨度大的专业课程，是高校园林专业学习的重要内容，对加强园林专业教材建设、探究园林景观设计的实践性教学方法具有重要意义。通过“园林规划设计”这门课程的学习，学生可以学会从功能、技术、形式、环境等方面综合考虑不同类型的园林设计，提高在设计过程中综合分析问题和解决问题的能力，学会正确展现设计内容，提高绘图技能。

本书精心组织编写人员，根据人才培养目标、专业岗位需求和职业资格标准，重构教学内容。本书按照培养技术技能型园林人才的具体要求，以“必需、够用”为度，将“园林规划设计”划分为园林规划设计基础研究、居住区规划设计研究、单位附属地规划设计研究、城市公共空间园林规划设计研究和郊外园林规划设计研究五个模块。具体内容包括园林布局及艺术构图设计、园林规划要素设计、园林规划设计程序、庭院景观规划设计、屋顶花园规划设计、居住区绿地规划设计、校园绿地规划设计、医疗机构绿地规划设计、机关单位绿地规划设计、城市道路绿地规划设计、城市广场规划设计、综合公园规划设计、专类公园规划设计、森林公园规划设计、湿地公园规划设计、农业观光园规划设计。

本书不仅可以作为高校环境艺术设计、风景园林设计、园林技术等专业的教材，也可以作为从事园林相关工作读者的参考书和自学用书。

由于园林规划设计内容繁多，本书难免有不足之处，敬请广大读者批评指正。

编　者

2022 年 3 月

目 录

模 块 一

园林规划设计基础研究

本模块知识架构

- 园林布局及艺术构图设计
  - 园林布局
  - 园林艺术构图设计
- 园林规划要素设计
  - 园林地形设计
  - 园林水体设计
  - 园路和园桥设计
  - 园林建筑小品设计
  - 园林植物设计
- 园林规划设计程序
  - 规划设计准备阶段
  - 规划设计阶段
  - 后期服务阶段

任务一　园林布局及艺术构图设计

学习目标	能力目标	素质目标
1. 了解园林布局类型及特点。 2. 熟悉园林艺术构图法则。 3. 掌握园林造景的艺术手法。 4. 掌握园林空间与色彩设计的方法。	1. 能够将园林构图法则应用到园林规划设计中。 2. 能够进行园林艺术造景。 3. 能够进行园林绿地布局规划。	1. 具有正确的劳动价值观，养成良好的劳动习惯。 2. 具有精益求精的工匠精神。 3. 具有生态环境保护意识。 4. 具有良好的团队意识。

知识准备

一、园林布局

（一）园林布局类型

园林布局形式的产生和形成，与世界各民族、国家的文化传统、地理条件等综合因素分不开。英国造园家杰利克（G.A.Jellicoe）把世界造园史划分为三大流派，即中国、西亚和古希腊。基于三大流派，又可以把园林的形式分为三类，即规则式、自然式和混合式。

1. 规则式园林

规则式园林又称整形式、几何式、建筑式园林。整体平面布局、立体造型和建筑、广场、街道、水体、花草树木等均要求严整对称。西方园林以规则式园林为主，其中以文艺复兴时期意大利台地园和19世纪法国勒诺特平面几何图案式园林为代表。我国的北京天坛、南京中山陵都采用规则式布局形式（见图1-1-1、图1-1-2）。规则式园林给人以庄严、雄伟、整齐之感，一般用于气氛较严肃的纪念性园林或有对称轴的建筑庭院中。

图 1-1-1　北京天坛

图 1-1-2　南京中山陵

规则式园林主要有以下特点：

（1）中轴线。全园在平面规划上有明显的中轴线，并大致以中轴线为基准进行对称布局，园地的划分多呈几何形。

（2）地形。在开阔、较平坦的地段，地形由不同高程的水平面及缓倾斜的平面组成；在山地和丘陵地带，地形由阶梯式的大小不同的水平台地、倾斜平面和石级组成，其剖面均由直线组成。

（3）水体（水景）。其外形轮廓均为几何形，主要是圆形和长方形。水体的驳岸多整形、垂直，有时还设置雕塑。水景的类型有整形水池、整形瀑布、喷泉、壁泉、水渠等。古代神话雕塑与喷泉构成水景的主要内容。

（4）广场和街道。广场多为规则对称的几何形，主轴和副轴线上的广场形成主次分明的系统。街道均为直线形、折线形或几何曲线形。广场与街道构成方格形、环状放射形、中轴对称或不对称的几何布局。

（5）建筑。主体建筑群和单体建筑多采用中轴对称的均衡设计方式，主体建筑群和次要建筑群多与广场、街道相组合，构成主轴、副轴系统，形成控制全园的总格局。

（6）种植设计。配合中轴对称的总格局，树木的配置以等距离行列式、对称式为主，树木的修剪整形多模拟建筑形体、动物造型。绿篱、绿墙、绿柱为整齐的规则式形式。园内常运用大量的绿篱、绿墙或丛林来划分和组织空间。园内常布置以图案为主要内容的花坛和花带，有时还布置大规模的花坛群。

（7）园林小品。园林雕塑、园灯、栏杆等装饰、点缀了园景。西方园林的雕塑主要是人物雕塑，布置于室外，并且多配置于轴线的起点、终点或交点上。雕塑常与喷泉、水池构成水体的主景。

2. 自然式园林

自然式园林又称风景式园林、不规则式园林、山水派园林。中国园林从周朝开始，经过历代发展，无论是皇家园林还是私家宅园，都以自然式园林为主。保留至今的皇家园林有颐和园、承德避暑山庄等，私家宅园有苏州的拙政园、网师园等，它们都是自然式园林的代表（见图 1-1-3、图 1-1-4）。自然式园林以模仿和再现自然为主，立体造型及园林要素之间的关系较为隐蔽、含蓄。这种形式适合于有山、有水、有地形起伏的环境，以含蓄、幽雅、深远来表现景致。

图 1-1-3 颐和园

图 1-1-4 拙政园

自然式园林主要有以下特点：

（1）地形。自然式园林讲究“相地合宜，构园得体”。处理地形的主要手法是“高方欲就亭台，低凹可开池沼”的“得景随形”。自然式园林最主要的地形特征是“自成天然之趣”。因此，园林中要求再现自然界的山峰、崖、岗、岭、峡、岬、谷、坞、坪、穴等地貌景观。平原地带要求有自然起伏、和缓的微地形。地形的剖面线为自然曲线。

（2）水体。自然式园林的水体讲究“疏源之去由，察水之来历”，要再现自然界水景。水体的轮廓要自然曲折，水岸为具有自然曲线的倾斜坡，驳岸主要为山石驳岸。在建筑附近或根据造景需要，也可以用条石砌成直线或折线驳岸。自然式园林水体的主要类型有湖、池、潭、沼、汀、溪、涧、洲、渚、港、湾、瀑布、跌水等。

（3）广场与街道。除建筑前广场为规则式外，园林中的空旷地和广场的外形轮廓均为自然式。街道的走向、布置形式多随着地形的变化而变化，街道的平面和剖面多由自然起伏的平面线和竖曲线组成。

（4）建筑。单体建筑多采用对称或不对称的均衡布局形式。建筑群或大规模的建筑组群多采用不对称的均衡布局形式。全园不以轴线控制，但局部仍有轴线处理。中国自然式园林中的建筑类型有亭、廊、榭、楼、阁、轩、馆、台、塔、厅、堂、桥等。

（5）种植设计。自然式园林种植设计要求反映自然界植物群落之美，树木不需要成行成列地栽植。树木不修剪。树木种植以孤植、丛植、群植为主要形式。花卉的布置以花丛、花群为主要形式。庭院内也设置花台。

（6）园林小品。自然式园林中的小品多为假山、石品、盆景、石刻、石雕、砖雕、木刻等。其中，雕像的基座多为自然式。园林小品多位于透视线集中的焦点上。

3. 混合式园林

混合式园林综合了规则式园林与自然式园林的特点，把它们有机地结合起来。混合式这种形式应用于现代园林中，既可以发挥自然式园林布局的优势，又可以吸收规则式园林布局的优点。混合式园林既有整齐明朗、色彩鲜艳的规则式部分，又有丰富多彩、变化无穷的自然式部分（见图 1-1-5）。其手法是在较大的现代园林建筑周围或构图中心采用规则式布局形式，在远离主要建筑物的部分采用自然式布局形式。

图 1-1-5　混合式园林

（二）园林布局原则

1. 构图有法，法无定式

园林设计所牵涉的范围广，内容丰富，这就要求设计者根据具体的园林内容和园林特点，采用一定的表现形式。

不同性质的园林，必然有相对应的园林形式，力求通过一定的形式反映其特征。纪念性园林（如广州起义烈士陵园、长沙烈士公园、南京中山陵等）多采用中轴对称、规则严整和逐步升高的布局形式，从而创造出雄伟崇高、庄严肃穆的气氛。植物园、动物园等园林绿地属于生物科学的展示范畴，要给人以知识和美感，从规划形式上要自然、活泼，要富于游赏性、寓教于游，通常采用自然式布局形式。其他性质的园林也有各自的基本要求，同时也有对各自设计元素的采用形式的基本要求。由于不同民族、国家的文化传统、艺术传统存在差异，园林形式也存在差异。由于传统文化的沿袭，中国园林形成了自然式规划形式。在中国现存的古典园林中，北京颐和园、苏州拙政园受到中国传统文化和山水画的影响，采用自然式的布局形式，活泼多变，自成有机的整体。由于受到传统文化和固有的艺术水准、造园风格的影响，以及受到古希腊文明的影响，意大利园林形成了柱廊园的布局形式。布局方正规则，有明显的轴线。即使是在自然山地的条件下，也采用台地式，形成规则式园林风格。

即使是同一个国家，因其在不同的历史时期受到不同文化的影响，其园林规划形式也是不同的。古代英国长期受到意大利政治、文化的影响，受到罗马教皇的严格控制。在17世纪之前，英国主要模仿意大利的别墅、庄园设计园林，园林常为封闭式园林。17世纪之后，特别是自17世纪60年代起，英国模仿法国凡尔赛宫苑，将宫邸庄园改建成法国式的整形苑园。18世纪后，随着工业和商业的发展，英国吸取了中国园林绘画与欧洲风景画的特色，设计出了自然风景园。

各种类型的园林具有不同的性质，这就决定了它们采用不同的布局形式。而同一种类型的园林绿地也需要根据其功能的不同采用不同的布局形式。在道路绿地中，由于需要保证机动车、非机动车行驶及行人行走的安全，市区交通干道绿地具备改善和保护城市环境卫生、组织交通、美化市容，以及减少有害气体、噪声等功能，其园林形式为规则式。而居住区、公园等的游憩道路主要具有通行、观赏，以及美化、保护和改善环境等功能，通常采用规则式和自然式两种布局形式。

内容和形式基本确定以后，设计者还要根据园址的现状，通过设计手段，创造出具有个性的园林作品。园林的造景手法有很多，但要根据具体情况来确定。

2. 植物造景，四时烂漫

东、西方园林在植物造景方面各具特色。西方园林主要体现征服自然、改造自然的指导思想，从人的理念出发，呈现出整形化、图案化的特点。当然，西方园林的种植设计不可能脱离全园的总体布局。在追求中轴对称、成排成行种植的过程中，西方园林产生了建筑式的树墙、绿篱，形成了行列式的种植形式，将树木修剪成各种造型或动物形象，形成了欧洲式的种植设计体系。中国园林在种植方法方面则另辟蹊径，强调借花木表达思想感情。

中国园林善于应用植物题材，表达造园意境，以花木作为造景主题，创造风景点或建设主题花园。在古典园林中，以植物为主景的实例有很多。例如，圆明园有杏花春馆、曲院风荷、碧桐书屋、汇芳书院等景点；承德避暑山庄有万壑松风、松鹤清樾、青枫绿屿、梨花伴月、曲水荷香、金莲映日等景点；苏州拙政园有枇杷园、远香堂、玉兰堂、海棠春坞、听雨轩、梧竹幽居等景观。

中国现代园林也沿袭古典园林规划的传统手法，创造植物主题景点。北京紫竹院公园有竹院春早、绿茵细浪、曲院秋深、艺苑、风荷夏晚等景点。上海长风公园有荷花池、百花洲、桂香亭、睡莲池、青枫绿洲等景点。

混合式园林融东、西方园林于一体，将传统的艺术手法与现代精神结合起来，创造出符合植物生态要求、环境优美、景色迷人、健康卫生的植物空间，满足游人的游赏要求。

在园林植物配置中，环境特色是以绿色植物为主，设计者要考虑四季景观效果，要考虑地理位置和气候。中国北方地区应尽可能做到“三季有花，四季常青”。中国南方，尤其是热带地区、亚热带地区，应做到“四季常绿，花开周年”。四季变化的植物造景，令游人百游不厌、流连忘返。春天的玉兰花、夏天的荷花、秋天的桂花、冬天的梅花，是杭州西湖风景区最具代表性的季节花卉。

3. 功能明确，组景有方

园林布局是园林综合艺术的最终体现，任何一项园林工程必须考虑它的功能分区是否合理，景区、景点是否有序。

整个园林观赏活动的内容，归结于“点”的观赏和“线”的游览两个方面。园林景观游赏恰似风景连续剧或山水风景画长卷。园林布局与山水画的处理手法是一样的。在分析园林观赏点和游览线之前，首先要了解园林的功能分区。在园林总体布局中，功能分区是首先要解决的技术问题。在合理功能分区的基础上组织游赏路线，创造系列构图空间，安排景区、景点，创造意境、情景，是园林布局的核心内容。

4. 因地制宜，景以境出

《园冶・兴造论》中指出，“凡造作”，要“随曲合方”，“能妙于得体合宜”，“园林巧于‘因’‘借’，精在‘体’‘宜’”，“‘因’者：随基势之高下，体形之端正，碍木删桠，泉流石注，互相借资；宜亭斯亭，宜榭斯榭，不妨偏径，顿置婉转，斯谓‘精而合宜’者也”。这说明园林中地形的改造需因势就形、因地制宜，或者挖湖堆山，或者推为平地，或者构筑台阶，或者形成局部下沉等。建筑的布局也需因地制宜，设计者需合理安排建筑密度，合理采用建筑造型，合理设置建筑体量。道路与广场的布局也需因地制宜，设计者需根据地形合理规划地形起伏的形式。植物的配置也需因地制宜，设计者需根据当地的气候、地质、土壤等因素，选用乡土树种。

因地制宜、景以境出是造园的重要原则之一。由于不同的帝王宫苑具有不同的地形状况，设计者采用不同的造园手法，创造出迥然不同、各具风格的园林。例如，颐和园为主景突出式自然山水园，圆明园为集锦式自然山水园，而承德避暑山庄则为风景式自然山水园。

5. 掇山理水，理及精微

“水令人远，石令人古”“胸中有山方能画水，意中有水方许作山”“地得水而柔，水得地而流”“山要回抱，水要萦回”“水随山转，山因水活”等山水画要诀，就是“挖湖堆山”的依据。

同时，掇山与理水具有不可分割的关系。掇山时要注意：主客分明，遥相呼应；未山先麓，脉络贯通；位置经营，山讲三远；山观四面而异，山形步移景变；山水相依，山抱水转。理水要沟通水系，即“疏源之去由，察水之来历”，切忌水出无源或死水一潭。水景应该具有丰富的类型，遵循水因山转等原则。

6. 建筑经营，时景为精

“凡园圃立基，定厅堂为主。先乎取景，妙在朝南”，“楼阁之基，依次序定在厅堂之后”，“花间隐榭，水际安亭”，“蹑山腰，落水面，任高低曲折，自然断续蜿蜒”。这些说明，由于建筑使用目的、功能不同，建筑的位置选择也各异。园林中建筑的平面类型多种多样，屋顶的类型形形色色，建筑的基址千变万化。例如，亭子可临水而建，近岸水中可建亭，岛上、桥上、溪涧、山顶、山腰、山麓、林中、角隅、平地、路旁可建亭。其他园林建筑也不拘一格，“景到随机”，“山楼凭远”，“围墙隐约于萝间”，“门楼知稼，廊庑连芸”，“漏层阴而藏阁，迎先月以登台”，“榭者，藉也……或水边，或花畔，制亦随态”。总之，中国园林建筑的布局依据“相地合宜，构园得体”的原则，这些建筑既是园林中的景物，又是赏景点，可供游人凭眺、畅览园林景色，同时可防日晒、避雨淋。

7. 道路系统，顺势通畅

园林道路的设计应该与地形巧妙结合起来。路折因遇岩壁，路转因交峰回。山势平缓，路线则舒展；山势变化急剧，路径则“顿置宛转”。尤其是山脊和山谷，有高有凹，有曲有深，所以山路讲究“路宜偏径”，要“临濠蜿蜒”，做到“曲折有情”。另外，在设计园林道路时，设计者还要分析园景的序列空间构图和游览形势，做到“因势利导”“构园得体”。园林道路要“曲折有致”，“起伏顺势”。园林道路应顺应地形的变化，顺地形而起伏，顺地形而转折。园林道路与地形、地势相辅相成。园林道路的设计切忌“拼盘”，如果在平坦的曲线路两侧堆砌山丘、阜障，而不是在已形成的地形上铺设，曲线路必然失之生意。

园林道路的设计要考虑系统性。设计者要从全园的总体着眼，确定主路系统。主路是全园的框架，要形成循环系统。对于一般园林，入园后，道路不是以直线型延伸到底（除纪念性园林外），而是两翼分展或三路并进。分叉路主要起到“循游”和“回流”的作用。道路的循环系统将形成多环、套环的游线，产生园界有限而游览无数的效果。

二、园林艺术构图设计

（一）园林艺术

园林艺术是一定社会意识形态和审美理想在园林形式上的反映，是通过园林的物质实体反映生活美、艺术美，表现园林设计者审美意识的空间造型艺术。它常与建筑、书画、诗文、音乐等艺术门类相结合，成为一门综合艺术。园林艺术是指导园林创作的理论基础。

1. 多样与统一

多样是指构成整体的各个部分的差异性；统一是指这种差异性的协调一致。多样、统一是客观事物本身所具有的特性。事物本身的形体具有大小、方圆、高低、长短、曲直和正斜等差异；质具有刚柔、粗细、强弱、润燥和轻重等差异；势具有疾徐、动静、聚散、抑扬、进退和升沉等差异。这些对立的因素统一在具体事物上面，形成了和谐的状态。布鲁诺认为，整个宇宙的美就在于它的多样、统一。多样、统一使人感到既丰富又单一、既活泼又有秩序。多样而不统一，必然杂乱无章；统一而无变化，则呆板单调。这一形式构造规律包含对称、均衡、对比、调和、节奏、比例等形式规律，是形式美的构造规律中最高级、最复杂的一种。

风景园林是多种要素组成的空间艺术，要创造多样统一的艺术效果，可以通过许多途径来实现，如形体的变化与统一、风格流派的变化与统一、图形线条的变化与统一、动势动态的变化与统一、形式内容的变化与统一、材料质地的变化与统一、线形纹理的变化与统一、尺度比例的变化与统一、局部整体的变化与统一等。以颐和园中的谐趣园为例，每一个建筑的大小、高矮、形式无一雷同，都是变化的，但是各个建筑都为砖木结构、筒瓦屋顶，色彩一致，彩画、栏杆和装饰一致，建筑的艺术风格也一致。这就在多样中有了统一，使谐趣园“总有一气贯注之势”。（见图 1-1-6）

图 1-1-6　形式与内容的多样与统一

2. 对称与均衡

对称从古希腊时代以来就作为美的原则，应用于建筑、造园、工艺品等许多方面。对称本身就存在着明显的秩序性，通过对称达到统一是常用的手法。对称具有规整、庄严、宁静、单纯等特点，但过分强调对称会产生呆板、压抑、牵强、造作的感觉。对称之所以有寂静、消极的感觉，是因为其图形容易用视觉判断，人们见到一部分就可以类推其他部分，对知觉就产生不了抵抗。对称之所以是美的，是因为部分图样经过重复就组成了整体，这会产生一种韵律。对称有三种形式：一是以一根轴为对称轴，两侧左右对称，即轴对称；二是以多根轴及其交点对称，即中心轴对称；三是旋转一定角度后对称，即旋转对称，旋转 180° 的对称为反对称。这些对称形式都是平面构图和设计中常用的形式。均衡是部分与部分或部分与整体之间所取得的视觉力的平衡，有对称均衡和不对称均衡两种形式。对称均衡是简单的、静态的，不对称均衡则随着构成因素的增多而变得复杂，具有动态感。（见图 1-1-7）

图 1-1-7 对称与均衡

不对称均衡没有明显的对称轴和对称中心，但具有相对稳定的构图重心。不对称均衡形式自由、多样，构图活泼、富于变化，具有动态感(见图 1-1-8)。

图 1-1-8 不对称均衡

对称均衡较工整，不对称均衡较自然。在我国古典园林中，建筑、山体和植物的布置多采用不对称均衡的方式。

3. 对比与调和

对比与调和是艺术构图的重要手法，是运用布局中的某一因素(如体量、色彩等)中两种程度不同的差异，取得不同艺术效果的表现形式，或者说是利用人的错觉来互相衬托的表现手法。差异程度显著的表现称为对比。对比可以使景观彼此对照、互相衬托，可以使景观生动活泼，特点更加鲜明、突出。差异程度较小的表现称为调和，调和可以使景观彼此和谐、互相联系，产生完整的效果。园林景观要在对比中求调和，在调和中求对比，使景观既丰富多彩，又突出主题、相互协调。

（1）对比

对比的作用是突出表现一个景点或景观，使之引人注目。对比的手法有很多，如形象的对比、体量的对比、方向的对比、空间开闭的对比、明暗的对比、虚实的对比、色彩的对比、质感的对比等。

①形象的对比。园林中构成园林景物的线、面、体和空间常具有各种不同的形状。在布局中只采用一种或类似的形状时，易取得协调和统一的效果，即调和；相反，则取得对比的效果。在园林布局中，形象的对比是多方面的。以短衬长，长者更长；以低衬高，高者更高。这是形象对比的效果。

②体量的对比。体量相同的物体放在不同的环境中，给人的感觉不同。体量相同的物体放在空旷的广场中，人会觉得它小；体量相同的物体放在小室内，人会觉得它大。这就是“小中见大、大中见小”的道理。园林布局中常用若干小的物体来衬托一个大的物体，以突出主体，强调重点。例如，颐和园为衬托佛香阁的高大、突出，在其周围建了许多小体量的廊。（见图 1-1-9）

图 1-1-9　体量的对比

③方向的对比。在园林的形体、空间和立面的处理中，设计者常运用垂直方向和水平方向的对比方式，以丰富园景。在园林中，垂直方向高耸的山体和水平方向平阔的水面相互衬托，这就避免了只有山或只有水的单调；挺拔高直的乔木形成的竖向线条和低矮丛生的灌木绿篱形成的水平线条形成对比，这就丰富了园林的立面景观。园林建筑设计中也常常运用垂直线条和水平线条的对比方式来烘托建筑景观。

④空间开闭的对比。在空间处理上，开敞的空间和闭锁的空间可以形成对比。例如，园林绿地中利用空间的收放开合，形成敞景与聚景的对比。开朗风景与闭锁风景共存于园林之中，相互对比，彼此烘托，视线忽远忽近、忽放忽收，这可以增加空间的层次感，引人入胜。（见图 1-1-10）。

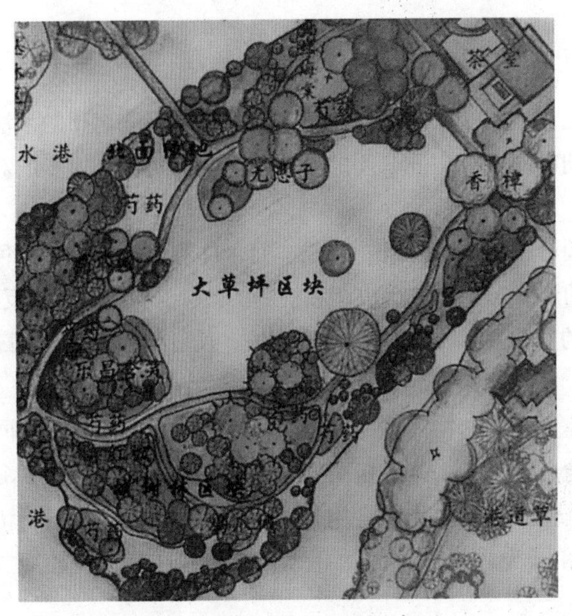

图 1-1-10　空间开闭的对比

⑤明暗的对比。光线的强弱使得景物和环境形成了明暗对比。环境的明暗使人产生不同的感觉：明给人开朗活泼的感觉，暗给人幽静柔和的感觉，明暗对比强的景物使人产生轻快、振奋的感觉。明暗对比弱的景物使人产生柔和、沉郁的感觉。在园林绿地布局中，设计者常常布置明朗的广场空地供游人活动，布置幽暗的密林供游人散步、休息。设计者在密林中往往要留块空地，即林间隙地，这是典型的明暗对比。

⑥虚实的对比。园林绿地中的虚实对比常指园林中的实墙与空间的对比，密林与疏林、草地的对比，山与水的对比等。虚给人以轻松感，实给人以厚重感。水中有小岛，水体是虚，小岛是实，水体与小岛形成虚实对比，产生“统一中求变化”的效果。园林布局应做到虚中有实、实中有虚。（见图 1-1-11）

图 1-1-11　虚实的对比

⑦色彩的对比。色彩的对比与调和包括色相和色度的对比与调和。相对的两个补色产生对比效果，而相邻的两个色相产生调和的效果。色度的对比与调和产生于颜色深浅不同的变化。黑是深，白是浅，深浅变化就是黑到白之间的变化。深浅差异显著的为对比，不显著的则为调和。

利用色彩的对比，可以引人注目，更加突出主景。如“万绿丛中一点红”，这“一点红”就是主景。建筑的背景如为深绿色的树木，建筑则可以用明亮的浅色调，从而加强对比。植物的色彩是比较调和的，因此在植物种植上应多用对比手法，产生层次感。例如，秋季，在艳红的枫林、黄色的银杏树之后，深绿色的背景树林可以做衬托。湖堤上种桃植柳，桃树宜在前，柳树宜在后，阳春三月，柳绿桃红，以红依绿，以绿衬红，水上水下，兼有虚实之趣。“牡丹虽好，还需绿叶扶持”，红绿互为补色，以绿衬红，红就更加醒目，如图 1-1-12 所示。

图 1-1-12　色彩的对比

⑧质感的对比。在园林中，可利用植物、建筑、道路、广场、山石、水体等不同质感的材料形成对比，增强效果。即使是植物之间，也会因树种不同，其质感有粗糙与光洁、厚实与透明之分。建筑上仅以墙而论，有砖墙、石墙、大理石墙及加工打磨情况不同的各类贴面砖墙，其材料质感存在差异。不同的材料质地给人不同的感觉，如粗面的石材、混凝土、粗木等让人感觉稳重，而细致光滑的石材和细木等让人感觉轻松。利用材料质感的对比，可以产生雄厚、轻巧、庄严、活泼的效果，或者产生人工胜自然的艺术效果。

（2）调和

使园林中不同艺术形象和不同功能要求的局部求得一定的共同性和相互转化，这种构图上的技法称为调和，调和分为相似调和与近似调和。

①相似调和。构图中形状相似而大小或排列有变化，称为相似调和。当一个园景的组成部分重复出现时，如果在相似的基础上有变化，就可以产生调和统一的效果。相似调和也称为统一调和，如图 1-1-13 所示。

图 1-1-13　相似调和

②近似调和。构图中近似的形体重复出现，称为近似调和。如方形和长方形的变化、圆形和椭圆形的变化都是近似调和。自然式园林中有许许多多的近似调和，植物叶片之间大同小异，这本身就是一个近似调和的整体。自然式园林中起伏变化的山丘、蜿蜒的小河、曲折的园路，以及树林的林冠线和林缘线，都统一在曲线之中，给人以调和的美感，如图 1-1-14 所示。

图 1-1-14　近似调和

在园林中，调和表现在形态、色彩、线条、比例、虚实和明暗等多方面，主要通过构景要素中的山石、水体、建筑、植物、道路、小品等的风格与色调的一致来获得。园林的主体是植物，尽管各种植物在形态、体量和色泽方面存在差异，但从总体上来看，它们之间的共性多于差异。园林建筑虽然在平面、立面、体量和屋顶形式等方面存在差异，但可以从色彩、风格、材料等方面求得统一。总之，凡用调和手法取得统一的构图，易取得含蓄之美和优雅之美，更显安静。

4. 节奏与韵律

几乎所有的艺术形式都离不开节奏与韵律，而园林景观设计中的节奏与韵律的使用有别于其他艺术活动，如色彩的强调、造型的长短、林间的疏密、植株的高低、线条的刚与柔、线条的曲与直、面的方圆、尺寸的大小等。节奏是指音律运动的轻重缓急。节奏也是一种节拍，是一种波浪式的律动，当形、线、色、块整齐而有条理地重复出现，或者富有变化地进行排列组合时，就可以获得节奏感。韵律是一种有规律的变化，广义上的韵律也是一种和谐。韵律常见的形式有连续韵律、交替韵律、渐变韵律、起伏曲折韵律、拟态韵律、自由韵律。

（1）连续韵律

连续韵律是在建筑构图中因一种或几种组成部分连续重复排列而产生的韵律，如行道树、等高等宽的阶梯等（见图 1-1-15）。

图 1-1-15　连续韵律

（2）交替韵律

交替韵律是指因两种以上的因素交替出现或等距离地反复出现而产生的韵律，如两种花的交替排列等（见图 1-1-16）。

图 1-1-16　交替韵律

（3）渐变韵律

渐变韵律是指园林景观中连续重复的部分有规律地逐渐变化而形成的韵律，如体积由小变

大、色彩由淡变浓等。(见图 1-1-17)

图 1-1-17　渐变韵律

(4)起伏曲折韵律

起伏曲折韵律是指因一种或几种因素在形象上出现较有规律的起伏曲折的变化而产生的韵律。如连续布置的山丘、建筑、道路、树木等，可有起伏曲折的变化，并遵循一定的节奏规律。

(5)拟态韵律

拟态韵律是指既有相同因素又有不同因素反复出现的连续构图。例如，花坛的外形相同，但花坛内所种的花的种类不相同(见图 1-1-18)。

图 1-1-18　拟态韵律

(6)自由韵律

自由韵律是指某些要素以自然流畅的方式，不规则但有一定规律地婉转流动、反复延续，呈现自然优美的韵律感。其变化是从多个方向进行的，如空间一开一合、一明一暗，景色有时鲜艳，有时素雅，有时热闹，有时幽静。

在园林布局中，一个连续风景构图往往综合运用多种节奏和韵律。在设计时，设计者应根据园林的功能、景观的要求适当选择和运用节奏和韵律，从而取得最佳的效果。

5. 比例与尺度

比例是使得构图中的部分与部分或部分与整体之间产生联系的手段。在自然界或人工环境中，凡是具有良好功能的事物都具有良好的比例关系。不同比例的形体具有不同的形态、情感。在园林景观场所中，各要素保持良好的比例关系，能够给人以赏心悦目的视觉感受。对于园林布局来说，决定比例的因素有很多，比例受到工程技术、材料、功能要求、艺术传统和思想意识的影响。良好的比例关系可以通过多种渠道获得。千百年来，人们通过长期的审美实践积累了许多宝贵经验，如黄金分割定律、等比数列等。尺度应按照人的高低和使用活动要求来考虑，道路、广场、草地等根据功能及规划布局的景观来确定尺度。园林中的一切都是与人发生关系的，都是为人服务的，因此要以人为标准，要处处考虑人的使用尺度、习惯尺度，以及人与环境的关系。

比例与尺度受到多种因素的影响。例如，苏州古典园林是明清时期江南私家山水园，各部分造景都效法自然山水，自然山水经提炼后被缩小在园林之中，建筑道路曲折有致、大小合适、主从分明、相辅相成。无论是从全局来看，还是从局部来看，它们相互之间的比例尺度，以及与环境之间的比例尺度都是很相称的，就当时少数人起居游赏来说，其尺度也是合适的。但是现在随着旅游业的发展，国内外游客大量增加，游廊显得矮而窄，假山显得低而小，其尺度就不符合现代的功能要求。因此，不同的功能需要不同的空间尺度，不同的功能也需要不同的比例，如颐和园是皇家宫苑园林，为显示皇家宫苑的雄伟气魄，殿堂山水比例均比苏州私家古典园林大。

6. 比拟与联想

园林既是物质产品，又是造型艺术的体现。因此，有人称之为“人工自然环境的塑造”。园林不仅要塑造自然环境，还要营造独到的意境，寓情于景，寓意于景，情景交融。意境设计的重要手段就是通过形象思维、比拟联想创造出更为广阔、久远、丰富的内容，增添无限的意趣。

（1）模拟

园林可以模拟自然山水风景，创造“小中见大”“咫尺山林”的意境，使人有“真山真水”的感受。但这种模拟不是简单地模仿，而且不是全部自然山水风景的模拟，而是经过艺术加工的局部的模拟。

（2）对植物的拟人化

园林可以运用植物的特性美、姿态美给人以不同的感受，使人产生联想。例如，松、竹、梅有“岁寒三友”之称，象征不畏严寒、坚强不屈、气节高尚；梅、兰、竹、菊有“四君子”之称；枫象征不怕艰难困苦；荷象征廉洁朴素、出淤泥而不染；等等。

（3）运用园林建筑、雕塑造型

园林建筑、雕塑造型常与历史事件、人物故事、神话传说、动植物形象相联系，因此能使人产生艺术联想。如卡通式的小房、蘑菇亭和月洞门使人犹入童话世界。雕塑造型在我国现代化园林中得到了普遍应用。雕塑造型在联想上的作用特别显著。如济南泉城广场上的泉标造型流畅别致，具有较强的立体感，以天蓝色为主调，有明珠镶嵌其中，构成了一个“泉”字，使人联想到济南是一个美丽的泉城，如图 1-1-19 所示。

（4）遗址访古

我国历史悠久，有很多古迹、文物，有许多革命纪念地和名人故居，还有许多民间神话传说和革命故事。当参观游览时，游人自然会联想到当时的情景。如杭州的岳飞庙和灵隐寺、武汉的黄鹤楼、上海豫园的点春堂（小刀会会馆）、北京的颐和园、成都的武侯祠和杜甫草堂、苏州的虎丘等，给游人带来许多回忆与深刻教益。

（5）风景题名、题咏、对联、匾额和摩崖石刻

好的题名、题咏不仅对“景”起到画龙点睛的作用，而且具有深刻的含义、浓厚的韵味、高远的意境，能够使游人产生诗情画意的联想。如苏州沧浪亭亭柱上的对联“清风明月本无价，近水远山皆有情”，古意盎然，意境深远（见图 1-1-20）。再如西湖的“平湖秋月”，在无风的月夜，水平似镜，秋月倒映湖中，这令人联想起“万顷湖平长似镜，四时月好最宜秋”的诗句。题名、题咏和题诗能够丰富游人的想象力，增强风景游览的艺术效果。

图 1-1-19　济南泉城广场泉标

图 1-1-20　苏州沧浪亭亭柱上的对联

（二）园林造景设计

1. 主景与配景

园林无论大小，均有主景与配景之分。主景是园林的核心，是空间构图中心，往往体现园林的功能与主题，在艺术上富有感染力。一般来说，一个园林由若干个景区组成，景区有主景区与次景区之分，每个景区都有各自的主景，而位于主景区中的主景是园林中的主题和重点，配景起到衬托作用。主景与配景的关系犹如红花与绿叶的关系。主景必须突出，配景必不可少。

突出主景的方法有以下几种。

（1）主景升高

为了使构图主题鲜明，常常把主景升高。由于背景是明朗简洁的蓝天，升高的主景的造型、轮廓、体量被鲜明地衬托出来，而较少受到其他环境因素的影响。但升高的主景在色彩和明暗上一般要与明朗简洁的蓝天形成对比。

（2）运用轴线和风景视线的焦点

轴线是风景、建筑延伸的方向，主景常布置在轴线的终点。此外，主景常布置在园林纵横轴线的相交点或放射轴线的焦点上或风景透视线的焦点上。例如，北海白塔布置在全园视线的焦点处，就是采用这种构图方法，北京天安门广场建筑群也是采用这种构图方法。

(3)空间构图的重心处理

在园林构图中，主景常被放在整个构图的重心上。在规则式园林构图中，主景常被布置在几何中心上，如天安门广场的人民英雄纪念碑就是放在广场的几何中心上，突出其主体地位。在自然式园林构图中，主景常被布置在自然重心上。如中国传统的假山就是把主峰放在偏于某一侧的位置上，主峰切忌居中，不设在构图的几何中心上，而应稍有所偏，但必须布置在空间的自然重心上，四周景物要与其配合。

(4)动势向心

对于一般四面环抱的空间(如水面、广场、庭院等)来说，周围次要的景色往往具有动势，趋向于一个视线的焦点，主景宜布置在这个焦点处。为了不使构图显得呆板，主景不一定正对空间的几何中心，而可偏于一侧。例如，青岛五四广场的“五月的风”主题雕塑，便成了“众望所归”的焦点，格外引人注目(见图 1-1-21)。

图 1-1-21　青岛五四广场

2. 前景、中景与背景

就空间距离层次而言，景色有前景、中景和背景之分(也叫近景、中景和远景)。一般来说，前景、背景都是为了突出中景。这样的景色富有感染力，使人获得丰富的感受。

在植物种植设计中，要注意前景、中景和背景的组织，如以常绿的雪松或龙柏丛作为背景，以樱花、红枫等作为中景，再以月季等时令花卉作为前景，组成一处完整统一的景观。

根据不同的造景需要，前景、中景、背景不一定全部具备。如在纪念性园林中，为了衬托主景的宏伟、空间的广阔，选用低矮的前景、简洁的背景比较合适。另外，在一些大型建筑物前，为了突出建筑物的高大，且不遮挡游人的视线，设计者可以设计一些低于视平线的水池、花坛或草地作为前景，用蓝天、白云作为背景。

3. 夹景与框景

当远景的水平方向视界很宽时，将两侧并非动人的景物用树木、土山或建筑物阻挡起来，只留合乎画意的远景，游人从左右配景的夹道中观赏风景，这称为夹景。夹景一般用在河流与道路的组景上。夹景可以增加远景的深度感。北京颐和园苏州河景区中的苏州桥就是采用夹景的方法，成排的树木也可以形成夹景。

园林的景观要以完美的结构展示在游人面前，就要有完美的构图，要形成如画的风景，还要使游人的注意力集中到画面最精彩的部分。框景是造景时常用的方法。

框景就是把真实的自然风景用类似画框的门、窗洞、框架包围起来，形成类似于“画”的风景图画（见图 1-1-22）。

图 1-1-22 瘦西湖框景

在设计框景时，观赏点与景框的距离应保持在景框直径的两倍以上，同时，视线与框的中轴线重合时效果最佳。

4. 漏景与添景

漏景是由框景发展而来的，框景景色清楚明晰，而漏景若隐若现。人们通过围墙和走廊的漏窗来透视园内风景。漏景在中国传统园林中十分常见（见图 1-1-23）。

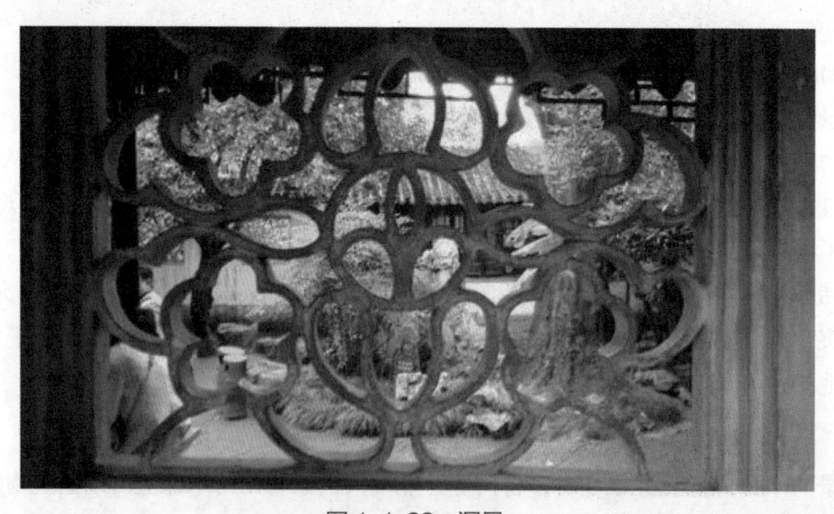

图 1-1-23 漏景

当风景点与远方的对景之间没有中景时，风景点容易缺乏层次感，设计者常用添景的方法来处理。添景可以是建筑一角，也可以是树木花丛。例如，在湖边看远景时可以用几丝垂柳的枝条作为添景。

5. 对景

位于园林轴线和风景线端点的景物叫对景。对景可以使两个景观相互观望，丰富园林景色。设计者一般选择园内透视画面最精彩的位置作为游人逗留的场所，如休息亭、榭等。这些建筑在朝向上应与远景相向对应，能够相互烘托。

对景可以分为严格对景和错落对景两种。严格对景要求两个景点的主轴方向一致，位于同一条直线上。例如，颐和园内谐趣园的饮绿亭与涵远堂两个景观互为严格对景。而错落对景比较自由，只要两个景点能够正面相向即可，主轴虽然方向一致，但是不在一条直线上。

6. 分景

我国园林多含蓄有致，忌“一览无余”，所谓“景愈藏，意境愈大；景愈露，意境愈小”。为此，中国园林多采用分景的手法来分割空间，使园中有园、景中有景、湖中有湖、岛中有岛，使园景虚实变换、层次丰富，使空间变化多样、丰富多彩。

根据划分空间的作用和艺术效果，分景可分为障景和隔景。

（1）障景

在园林中，凡是抑制视线、引导空间的屏障景物都叫障景。障景一般采用突然逼近的手法，增加园林的空间层次感，让游人的视线受到抑制，有“山重水复疑无路”的感觉，然后改变空间引导方向，逐渐展开园景，使游人豁然开朗，达到“柳暗花明又一村”的境界，这就是所谓“欲扬先抑，欲露先藏”的手法。

障景务求高于视线，否则无障可言。屏障物常为山、石、植物、建筑（构筑物）等。障景多用于入口处、自然式园路交叉处、河湖转弯处等。游人在不经意间被阻挡视线，改变游览方向。障景本身也是一景，能遮蔽不美观或不可取的部分。（见图 1-1-24）

图 1-1-24　障景

（2）隔景

将园林分隔为不同空间、不同景区的手法称为隔景。隔景可以避免各景区互相干扰，创造多个流通空间，增加园景的层次感，隔断部分视线与游览路线。隔景的方法有很多，如实隔、虚隔、虚实相隔等。实墙、山丘、建筑群、山石等为实隔；水面、漏窗、通廊、花架、疏林等为虚隔；水堤曲桥、漏窗墙等为虚实相隔。运用隔景手法划分景区，可以使不同的景物分隔开来，使游人感到别有洞天，从而使园景丰富、各具特色。

7. 借景

有意识地把园外的景物“借”到园内视景范围中来，称为借景。一座园林的面积和空间是有限的，为了扩大景物的深度和广度，增加游赏内容，除了运用多样统一、迂回曲折等造园手法外，设计者还常常运用借景的手法，收无限于有限之中。

借景的方法主要有以下几种。

（1）远借

远借是把园林远处的景物组织进来，所借物可以是山、水、树木和建筑等。如北京颐和园远借西山及玉泉山之塔，承德避暑山庄借僧帽山和磬锤峰，无锡寄畅园借惠山，济南大明湖借千佛山等。

（2）邻借（近借）

邻借是把园林邻近的景物组织进来。周围环境是邻借的对象，周围景物只要是能够利用成景的都可以利用。不论是亭、阁、山、水，还是花、木、塔、庙，均可利用。如苏州沧浪亭园内缺水，而临园有河，则沿河做假山、驳岸和复廊，不设封闭围墙，从园内透过漏窗可领略园外河中景色，从园外隔河与漏窗也可以望到园内，园内、园外融为一体。再如邻家有一枝红杏、一株绿柳或一个小山亭，亦可对景观赏或设漏窗借取。（见图 1-1-25）

图 1-1-25 邻借

（3）仰借

仰借是指利用仰视借取景物，以借取高景物为主，如高塔、山峰、高层建筑、碧空白云、明月繁星、飞鸟等。

（4）俯借

俯借是指利用居高临下的优势地位观赏园外景物。登高四望，四周景物尽收眼底。所借景物甚多，如江湖原野、湖光倒影等。

（5）应时而借

应时而借是指利用时间的周期变化借取一日或四季之中的佳景。以一日来说，日出朝霞，星月交辉；以一年四季来说，春光明媚，夏日原野，秋天丽日，冬日冰雪。植物也随季节转换，如春天的百花争艳、夏天的浓荫覆盖、秋天的层林尽染、冬天的树木姿态，这些都是应时而借的素材。许多名景的名称都与应时而借有关，如“苏堤春晓”“曲院风荷”“平湖秋月”“断桥残雪”等。

8. 点景

一些园林善于抓住每一个景观的特点，根据它的性质和用途，结合空间环境的景象和历史进行高度概括，常设计诗意浓、意境深的题咏。其形式多样，有匾额、对联、石碑和石刻等。题咏的对象更是丰富多彩，无论是景象、亭台楼阁、一汀一桥、一山一水，还是名木古树，都可以进行题名、题咏，如万寿山、花港观鱼（见图 1-1-26）等。点景不但丰富了景的欣赏内容，增加了诗情画意，点出了景的主题，给人以艺术联想，而且具有宣传、装饰和引导的作用。各种园林题咏是造景不可分割的组成部分。我们把创作设计园林题咏称为点景手法。它是诗词、书法、雕刻、建筑艺术的高度结合。

图 1-1-26　花港观鱼

（三）园林空间设计

园林设计的最终目的是创造出供人活动的空间。园林空间艺术布局是指在园林艺术理论的指导下对所有空间进行巧妙、合理、系统的安排。其目的在于创造一个既完整又富于变化的美好境界。单个园林空间由尺度、构成方式、封闭程度和构成要素的特征等决定，是相对静止的园林空间。而园林又是流动的风景，景物随着游人的走动而不断变换，多个空间在对比、渗透、变化中产生情趣。因此，设计者常从静态和动态两个方面进行园林空间艺术布局。

1. 静态空间艺术布局

静态风景是指游人在相对固定的空间内所感受到的风景。这种风景是在相对固定的范围内观赏到的，因此，其观赏位置对观赏效果有着直接的影响。

（1）静态空间的视觉规律

①视距规律。一般正常人的清晰视距为 25 ~ 30 米，对景物细部能够看清的距离为 40 米左右，能分清景物类型的视距为 250 ~ 300 米。当视距在 500 米左右时，人们只能辨认景物的轮廓。

②视域规律。正常人在观赏景物时，其垂直视角为 130°，水平视角为 160°。但看清景物的水平视角在 45° 以内，垂直视角在 30° 以内。在此位置观赏景物的效果最佳，但这个位置毕竟是有限的范围。要使游人在不同的位置观景，设计者需在一定范围内预留一个较大的空间。

在设计园林中景物的高度与宽度方面，设计者必须考虑其观赏视距问题。一般来说，对于重要景物，需要在不同的距离布置观景场地，以供游人在不同的范围内以不同的视角和视距来观赏，使游人全面感受在不同距离内观赏景物的效果。

对于面积比较大的景物，设计者则需要考虑其视角问题。例如，在花坛设计中，独立性花坛一般位于视线之下，当游人远离花坛时，所看到的花坛面积变小。在不同的视角范围内，观赏效果是不同的。当花坛的直径为 9 ~ 10 米时，其最佳观赏点的位置在距花坛 2 ~ 3 米处；当花坛的直径超过 10 米时，平面形的花坛就应改成斜面的花坛，其倾斜角度可根据花坛的尺寸来调整，一般来说，倾斜角度为 30° ~ 60° 时效果最佳。在纪念性园林中，一些纪念碑和纪念雕像等，其垂直视角要相对大一些，视距要小一些，以增强其雄伟高大的效果，我们还可以把景物安排在较高的台地上，这样更能增加其感染力。

（2）不同视角的风景效果

在园林中，景物是多种多样的，不同的景物要在不同的位置观赏才能取得最佳效果。一般根据人们在观赏景物时垂直视角的差异，可将风景划分为平视风景、仰视风景和俯视风景。

①平视风景。平视风景是指游人不必上仰下俯就可以观赏的风景。这种风景的垂直视角在以视平线为中心的 30° 范围内。游人在观赏这种风景时没有紧张感，有一种开阔宁静的感觉。在园林设计中，设计者常把宽阔的水面、平缓的草坪、开阔的视野和远望的空间以平视的观赏方式来安排。

②仰视风景。一般认为，当游人观赏景物的仰角大于 45° 时，由于视线消失，景物对游人的视觉产生强烈的感染力，在效果上可以给人一种雄伟、高大和威严的感受。这种风景在我国皇家园林中经常出现。例如，在北京颐和园的佛香阁建筑群体中，在德辉殿后面仰视佛香阁时，仰角为 62°，游人会感到佛香阁特别高大，产生一种高耸入云之感，同时也产生自我渺小之感。仰景的造景方法在纪念性园林中经常使用。在选择纪念碑和纪念雕塑等的位置时，设计者经常把游人的视距安排在主景高度 1 倍以内，不让游人有后退的余地。这是一种运用错觉的方法，使对象显得更加雄伟。

③俯视风景。当游人居高临下、俯视周围风景时，观赏视角在人的视平线以下，这种风景给人以“登泰山而小天下”之感。这种风景一般被布置在园林中的最高处，设计者常在此处安放亭、廊等建筑，以创造俯视风景。

在创造俯视风景时，视线必须通透，游人能够俯视周围的美好风景。如果通视条件不好，或者所看到的景物并不理想，这种俯视就不会达到预期的目的。

以上三种风景在园林布局中要与自然条件很好地结合起来，设计者应充分利用平地、山地和河湖等地形变化，创造平视、仰视、俯视的风景，为游人创造欣赏不同风景的条件。

（3）开朗风景与闭锁风景

园林空间感的强弱主要取决于空间境界物的高度和视点到境界物的水平距离，即视距与高度的比值。比值越大，视野越开阔，这样的风景为开朗风景，这样的空间为开朗空间。开朗风景使人目光宏远、心胸开阔、没有疲劳感。

在很多园林中，开朗风景是通过提高视点位置来形成的，多为大的水面、草原与能登高远望之地。例如，由于能够登高远眺，黄山、庐山、华山和泰山等成为人们喜爱的风景名胜。正所谓“欲穷千里目，更上一层楼”。

相反，视距与高度的比值越小，空间的封闭感越强。当游人的视线被四周的树木、建筑或山体等遮挡住时，游人所看到的风景为闭锁风景。闭锁风景的近景感染力强，但长时间的观赏易使人产生疲劳感。

园林中的空间构图不能片面强调开朗，也不能片面强调闭锁。园林既要有开朗的区域，又要有闭锁的空间，开朗风景和闭锁风景应结合起来。开中有合，合中有开，二者共存，相得益彰。在开朗风景中适当增加近景，可以增强其感染力。在闭锁风景中，可以通过漏景和透景的方式打开过度闭锁的空间。在园林设计时，大面积的草坪中央可以用孤立木做近景，在视野开阔的湖面上可以用园桥或岛屿来打破其单调性。著名的杭州西湖风景为开朗风景，但湖中的三潭印月、湖心岛及苏、白二堤等景物增加了其闭锁性，优美的西湖风景就形成了。

2. 动态空间艺术布局

对于游人来说，园林是一个流动的空间，游人在园林中游览时所看到的景观为动态景观。动态景观满足游人“游”的需要，静态景观满足游人“憩”时的观赏需要，因此园林的功能就是为游人提供一个“游憩”的场所。动态景观是由一个个序列丰富的连续风景构成的。

（1）园林空间的展示程序

当游人进入园林中，其所见到的景观是由设计者按照一定程序安排的，这种程序叫作空间展示程序。空间展示程序主要有以下三种形式。

①一般序列。一般序列有两段式和三段式之分。所谓两段式，就是从起景开始逐渐过渡到高潮而结束。一般序列多用于一些简单的园林布局中，如纪念性公园往往从雕塑开始，经过广场，进入纪念馆达到高潮而结束。三段式的序列可以分为起景—高潮—结景三个阶段。

②循环序列。多数综合性公园或风景区采用多个人口、循环道路系统、多景区划分和分散式游览线路的布局方法。各景区以循环的道路系统相连，以循环游憩景观为主线，主景区为构图中心，次景区起到辅佐的作用。

③专类序列。以专类活动内容为主的专类园林有自身的特点。植物园可以按植物进化史组

织园景序列，如从低等到高等、从裸子植物到被子植物、从单子叶植物到双子叶植物；还可以按植物的地理分布特征组织园景序列，如从热带植物到温带植物再到寒温带植物等。

（2）风景序列创造手法

①风景序列的断续起伏。利用地形起伏变化而创造风景序列是风景序列创造中常用的手法。园林中连续的土山、连续的建筑、连续的林带等，常常用起伏变化来形成园林的节奏。通过山水的起伏，将多种景点分散布置，在游览路线的引导下，形成风景序列的断续发展，游人视野中的风景时隐时现、时远时近，从而达到步移景异、引人入胜的境界。

②风景序列的起结开合。风景序列可以是起伏的地形和环绕的水系，也可以是植物群落或建筑空间。任何一处风景都有头有尾、有收有放、有开有合，这就是风景序列的起结开合，是创造风景序列常用的方法。以水体为例，水之来源为起，水之去脉为结，水面扩大或分支为开，水之汇流为合。水面的起结开合体现了水体空间的情趣，为游人创造了丰富的景观。

③风景序列的主调、基调、配调和转调。序列是由多种风景要素有机组合并逐步展现出来的。景观一般包含主景、配景和背景。背景起到烘托主景的作用，一般面积较大，在整个景观中起到底色作用。配景则从调和方面来陪衬主景，使主景看起来更有神采。主景是主调，配景是配调，背景则是基调。而处于一个空间向另一个空间过渡位置的景物则被视为转调。它起到引导作用，可以看作是前一个空间的小结或后一个空间的序幕，起到承上启下的作用。

在园林布局中，主调必须突出，配调和基调在布局中起到烘云托月、相得益彰的作用。

（3）园林植物的景观序列与季节变化

园林植物与其他的造园要素不同，是活的有机体，是风景园林景观的主体。植物个体与群落在不同的季节所呈现的外形和色彩是有变化的，不同的植物在一年四季中所呈现出来的景观也是不同的。因此，设计者必须对植物的物候期有全面的了解，以便在设计中做出多样统一的安排。例如，扬州个园的春、夏、秋、冬四季假山，种植春、夏、秋、冬四季最具个性的植物，并配以山石水景、建筑和道路等。在一般园林中，桃红柳绿表春，浓荫白花主夏，红叶金果属秋，松竹梅花为冬。

（四）园林色彩设计

园林景观是一个绚丽多彩的世界，在诸多造景因素中，色彩是最引人注目的，给 人的感受也是最深刻的。园林景观色彩作用于人的视觉器官，引起情感反应。色彩具有多种多样的作用，并赋予环境以性格。冷色创造宁静安逸的环境，暖色则给人以喧闹热烈的感觉。色彩有一种特殊的心理联想。运用不用的色彩，园林可以形成不同的景观风格。西方园林景观色彩强调浓重艳丽，风格热烈外放。东方园林景观色彩侧重朴素合宜，风格恬淡雅致，隽永内敛。了解色彩的心理联想及象征性，在园林景观设计中科学、合理地运用色彩，有助于创造出符合人们心理的、在情调上有特色的、能满足人们精神生活需要的色彩斑斓、赏心悦目的生活空间场所。

色彩是光作用于人视觉神经所产生的一种感觉。不同的色彩是光线的波长不同，以及光线被物体吸收和反射后给人以不同的视觉刺激产生的结果。色相、明度和纯度用于色彩的识别与比较，称为色彩三要素。色彩三要素的组合搭配，使园林景观呈现出绚烂多姿的效果，给人以不同的视觉感受、心理感受、情感感受。色彩只有靠知觉感知才能传达情感。在园林景观设计中，设计者要透过人们的知觉，利用色彩来创造优美、舒适、宜人的景观环境。园林景观通过不同属性的色彩的组合搭配，可以给人以温暖与寒冷感、兴奋与冷静感、前进与后退感、华丽与朴素感、明朗与阴郁感、面积感、方向感等不同的感受。

1. 园林景观色彩的种类

（1）自然色彩

园林景观中的山石、水体、土壤、植物、动物等的颜色都属于自然色彩。

①山石。具有特殊色泽或形状的裸岩、山石的色彩有很多种类，有灰白、润白、肉红、棕红、褐红、土红、棕黄、浅绿、青灰、棕黑等，它们都是复色，在色相、明度、纯度上与园林环境的基色——绿色都能形成不同程度的对比。在园林景观设计中巧妙利用山石的色彩，可以达到既醒目又协调的感官效果。

②水体。水本来无色，但我们能运用光源色和环境色的影响，使其产生不同的颜色。水的颜色与水质的洁净度有关。水具有动感。水可以映照岸边景物，使其更显旖旎动人。在园林景观设计中，设计者可以对水体加以利用，如人造瀑布、喷泉、溢泉、水池、溪流等，配上各色灯光，打造绚丽多彩的园林景观效果。

③土壤。土壤颜色的形成较为复杂。土壤的颜色通常有黑色、白色、红色、黄色、青色等，或者介于这些颜色之间。绝大部分土壤在园林景观设计中被植被、建筑所覆盖，仅有少部分土壤裸露在外，裸露的土壤也是园林景观的组成部分。

④植物。园林景观色彩主要来自植物，植物的绿色是园林景观色彩的基色。植物的叶、花、果、干的色彩众多，同时又有季相变化，是营造园林景观艺术美的重要素材。设计者应最先考虑叶色的安排，因为叶色在一年中维持的时间较长和较稳定。常绿树树叶浓密厚重，一般认为，过多种植常绿树会带来阴森、颓丧、悲哀的气氛。很多落叶树的叶子在阳光透射下形成光影闪烁、斑驳陆离的效果，落叶的嫩黄色显得活泼轻快，落叶可成为园林景观中的一景。园林植物配置要尽量避免一季开花、一季萧瑟、一枯一荣的现象，注意分层排列，以弥补不足。

⑤动物。园林景观中的动物，如鱼翔浅底、鸳鸯戏水、白毛浮绿水、鸟儿漫步采食等，不仅形象生动，而且给园林景观环境增添生机（见图 1-1-27）。动物本身的色彩较稳定，但它们在园林景观中的位置却无法固定。任其自由活动，可以活跃景色，平添园林景观的生气。

图 1-1-27　鸳鸯戏水

（2）人工色彩

园林景观设计中还有一类色彩，即人工色彩。建筑物、构筑物、道路、广场、雕像、园林小品、灯具、座椅等的色彩均属于人工色彩。这类色彩在园林景观设计中所占的比重不大，但其地位却举足轻重。园林景观中主题建筑物的色彩与造型、位置相结合，能起到画龙点睛的作用。人工色彩也能起到装饰和锦上添花的作用。

2. 园林景观的配色艺术

当园林景观构图已经形成时，色彩的搭配应用主要以色相为依据。首先依据主题思想、内容的特点、构想的效果，特别是表现因素等，决定主色或重点色是冷色还是暖色、是华丽色还是朴素色、是兴奋色还是冷静色、是柔和色还是强烈色等，然后根据需要，按照同类色相、邻近色相、对比色相和多色相的配色方案，取得不同的配色效果。

（1）同类色相配色

相同色相的颜色，主要靠明度的深浅变化来构成色彩搭配，给人以稳定、柔和、统一、幽雅、朴素的感觉。园林景观是由多种色彩构成的，单色的园林景观是不存在的。花坛、花带内只种植同一色相的花卉，当盛花期到来时，绿叶被花朵淹没，其效果会比多色花坛或花带更引人注目。同一颜色大面积出现时，如成片的绿地、道路两旁的郁金香、田野里大面积的油菜花、枫树成熟时的漫山红叶，所呈现的景象十分壮观、令人赞叹。在同类色相配色中，如果色彩明度差太小，色彩效果会显得单调、呆滞。因此，园林景观宜在明度、纯度变化上进行长距离配置，这样才会有活泼的感觉，才会富于情趣。

（2）邻近色相配色

在色环上色距很近的颜色相配，可以得到类似且调和的颜色，如红与橙、黄与绿。一般情况下，大部分邻近色的配色效果都给人以和谐、清雅的感受，很容易使人产生柔和、浪漫、唯美的视觉感受。例如，花卉中的半枝莲在盛花期有红、洋红、黄、金黄、金红和白色等花色，异常艳丽，却又十分协调。观叶植物的叶色变化丰富，多为邻近色。利用深浅明暗的色调，可以组成细致调和、有深厚意境的景观。在园林景观设计中邻近色相配色得到了大量运用，能使不同环境之间的色彩自然过渡，容易取得协调、生动的效果。

（3）对比色相配色

俗语说："红花还要绿叶衬。"对比色相颜色差异大，能产生强烈的对比，易使环境形成明显、华丽、明朗、爽快、活跃的效果，强调了环境的表现力和动态感。如果对比色都属于高纯度的颜色，对比会显得非常强烈，使人有种不舒服、不和谐的感觉，因此对比色在园林景观设计中运用得不多。设计者较多地选用邻近色进行对比，用明度和纯度加以调和，缓解其强烈的冲突。在同一个园林空间里，对比应有主次之分，这样能协调整体的视觉感受，并突出色彩带给人的视觉冲击。如万绿丛中一点红，就比相等面积的绿或红更能给人以美感。在植物配置方面，桃红柳绿、绿叶红花能取得明快而烂漫的对比效果。对比色也常用于要求吸引游人注意力和给游人留下深刻印象的场合。有时为了强调重点，园林常运用对比色，这样会使主次分明、效果显著。

（4）多色相配色

多色相配色在园林景观中运用得比较广泛。多色处理的典型是色块的镶嵌，即将大小不同的色块镶嵌起来，如将暗绿色的密林、黄绿色的草坪、金黄色的花地、红白相间的花坛和闪光的水面等组织在一起。将不同色彩的植物镶嵌在草坪上、护坡上、花坛中都能取得良好的效果。渐层是多色处理的一种常用方法，即某一色相由浅到深、由明到暗或由深到浅、由暗到明，给人以柔和、宁静的感受。由一种色相逐渐转变为另一种色相，甚至转变为对比色相，显得既调和又生动。在具体配色时，我们应把色相变化过程划分成若干个色阶，取其相隔 1 ~ 2 个色阶的颜色搭配在一起，不宜取相隔太近或太远的颜色。颜色相隔太近，渐层不明显；颜色相隔太远，渐层又会失去意义。渐层配色方法适用于花坛布置、建筑布置及园林景观空间色彩转换。多色处理极富变化，设计者要根据园林景观本身的性质、环境和要求进行艺术配置，其中植物的配置最为重要。当营造花期不尽相同而又有季相变化的景观时，可以用牡丹、棣棠、木槿、月季、锦带花、黄刺玫等；当营造春华秋实景观时，可以用玫瑰、牡丹、金银木、香荚蒾等；当营造四季花景时，可以用广玉兰、牡丹、山茶、荷花、睡莲等。在植物的选择上，所选择的植物或者雄伟挺拔，或者姿态优美，或者绚丽多彩，或者有芳香艳美的花朵，或者有秀丽的叶形，或者有艳丽奇特的果实，或者四季常青，观赏特色各不相同。设计者既要考虑色彩的协调，又要注意不同时令的衔接。

3. 园林景观色彩构图法则

（1）均衡性法则

均衡是指多种园林景观色彩所形成的视觉和心理上的平衡感与稳定感。均衡与园林景观色彩的许多特性的利用有着很大的关系，如色相的比较、面积的大小、位置的远近、明度的高低、纯度的变化等都是求得均衡的重要条件。

（2）律动的法则

律动的特性是有方向性、有动感、有顺序、有组织，景循境出。律动能让人看到有序的变化，使人感到生机勃勃、增添游玩兴致。

（3）强调的法则

园林景观或其某一局部，必然有一个主题或重心，如“万绿丛中一点红”就能够突出表现“红”。主题或重心的表现是园林景观设计的精髓之所在，主题必须鲜明，起到主导作用，而陪衬的背景不可喧宾夺主。

（4）比例的法则

园林景观色彩各部分量的比例关系也是构图时要考虑的重要因素，如构成园林景观色彩各部分的上下、多少、大小、内外、高低、左右等的搭配，以及色相、冷暖、面积、明度、纯度等的搭配。保持一定的比例关系可以给人一种舒服、协调的美感。

（5）反复的法则

反复是指将同样的色彩重复使用，以达到强调和加深印象的作用。反复可以是单一色彩的反复，也可以是组合方式或系统方式变化的反复。色彩的反复可以避免构图出现单调、呆滞的问题，适宜在大面积或较长的绿化带上应用。

（6）渐进或晕退的法则

渐进是使色彩的纯度、明度、色相等按比例逐渐变化，使色彩呈现出流动的韵律美感。晕退则是对色彩的浓度、明度、纯度或色相做均匀的晕染而推进色彩的变化，与渐进有异曲同工之妙。渐进或晕退可以用于广场、道路景观、建筑物等的设计上。

学习任务

任务目的

1. 掌握园林布局的类型与原则。
2. 能够通过调研分析，大致画出园林布局图。
3. 能够完成园林艺术构图设计。

任务内容与要求

1. 以小组为单位选择当地具有特色的园林景区开展调研活动，共同探讨涉及的园林布局规划和造景艺术等问题，找出园林的优势和不足之处。
2. 在调研过程中随时记录心得体会。
3. 如果由你对园林景区重新进行园林艺术构图设计，请选择 1 处进行设计。

任务实施

1. 进行前期调研，了解园林景区的背景。
2. 进行现场调研分析，进行手绘或计算机制图，画出园林布局图。
3. 选择 1 处景观，重新进行园林艺术构图设计。

任务二　园林规划要素设计

学习目标	能力目标	素质目标
1. 掌握园林地形的分类及其设计原则。 2. 掌握园林水体的作用、类型及其设计原则。 3. 了解园路和园桥的功能和类型。 4. 掌握园林建筑小品的类型及其设计原则。 5. 掌握园林植物的功能、类型及其种植原则。	1. 能够对园林地形进行合理设计。 2. 能够对园林水体进行合理设计。 3. 能够对园路和园桥进行合理设计。 4. 能够对园林建筑小品进行合理设计。 5. 能够合理种植园林植物。	1. 具有善于观察和分析问题的能力。 2. 具有精益求精的工匠精神。 3. 具有严谨的创新精神和求实的态度。 4. 具有生态环境保护意识。

知识准备

一、园林地形设计

地形是地貌和地物的总称，园林地形是园林的骨架。不同的地形反映出不同的景 观特征，它影响着园林布局和园林风格。良好的地形可以产生良好的景观效果，因此地形成为园林造景的基础。

（一）园林地形分类

1. 平坦地形

园林中的平坦地形是指地表基本上与水平面平行的地形。平坦地形能够形成较为开阔的空间，是一种最为简明的稳定地形，具有宁静的特征。平坦地形在视觉上显得空旷、宽阔，景物不被遮挡。平坦地形能与地面上的垂直造型形成强烈的对比，使景物突出。平地是易于布置其他园林要素的用地，空间布置的可塑性大。同时，其他园林要素也可对平坦地形进行空间分隔，以弥补平坦地形缺少私密性的不足。但平坦地形也因其平坦、没有变化而不足以产生视觉上的刺激效果。

平坦地形便于群众性文体活动的开展和人流的集散，是欣赏景色、游览休息的好地方，因此在公园中占有一定的比例。

平坦地形按地面材料的不同可分为种植地面、铺装地面、沙石地面和土地面。

（1）种植地面

设计者可以在平地上种植花草树木，创造不同的景观。大片草坪给人以开朗的感觉，可作为文体活动的场地，供人休息。平地上种植花卉形成花境，可供游人观赏；平地上植树形成树林，可以供游人观赏游憩。

（2）铺装地面

铺装地面可以用作游人集散的广场、观赏景色的停留地、进行文体活动的场地等。铺装可以是规则的，也可以是不规则的。

（3）沙石地面

有些平地有天然的岩石、鹅卵石或沙砾。沙石地可以视情况用作活动场地或风景游憩地。

（4）土地面

土地面可以用作文体活动的场地。例如，树林中的场地，即林中空地，因为有树木的遮蔽，所以适宜游人进行夏日活动和游憩。但在公园中应力求减少裸露的土地面积。

2. 凸地形

凸地形是指在立面上有明显凸起的地形。其表现形式有土丘、丘陵、山峦及小山峰等。凸地形具有一定的凸起感和高耸感。

凸地形具有构成风景、组织空间、丰富园林景观等功能。凸地形在丰富景点视线方面起着重要作用。由于凸地形比周围环境的地势高，人置于其上，视野开阔，所观赏到的景象具有延伸性，空间呈发散状。一方面，凸地形可以被设计为观景之地；另一方面，由于地形高处的景物往往突出、明显，凸地形又可以被设计为造景之地。因此，凸地形往往被布置成某个区域的视觉中心或标志性景观。

3. 山脊

山脊在总体上呈线状，与凸地形相比，其形状更紧凑、更集中。山脊可以说是更“深化”的凸地形。山脊可以限定空间边缘，调节其坡上和周围的小气候。山脊可以用来转换视线在一系列空间中的位置，可以将视线引向某一特殊焦点。山脊还可以充当分隔物，作为一个空间的边缘。山脊犹如一道墙体，将各个空间或谷地分隔开来，使人感到有“此处”和“彼处”之分。从排水角度来说，山脊就像一个“分水岭”，降落在山脊两侧的雨水将流到不同的排水区域。

4. 凹地形

凹地形与凸地形正好相反，其地面标高比其周围地形低。凹地形从空间形状上来看类似碗状。在中国古代，此类地形称为“坞”。两个凸地形相连接形成的地形就是凹地形。

由于比周围的地形低，视线受到抑制，凹地形形成一个具有内向性和不受外界干扰的空间，给人一种分隔感、封闭感和私密感，给人的心理带来一定的安全感。设计者通常在此类空间中设置某个景物或设置小的活动空间。

5. 谷地

谷地综合了凹地形和山脊的特点。与凹地形相似，谷地在景观中也是低地，是景观中的基础空间，适合安排多种项目。谷地又与山脊相似，也呈线状，具有方向性。

（二）园林地形设计原则

在园林的地形改造中，必须进行一定的艺术处理，运匠心于丘壑泉池，以构成园林佳景。在地形的处理中，应注意以下几个原则。

1. 因地制宜的原则

在地形设计中，首先要考虑对原有地形的利用。根据原有地形的特点，本着“利用为主，改造为辅”的原则，因地制宜，“高方欲就亭台，低凹可开池沼”。

2. 功能优先的原则

园林的类型不同，性质和功能也不相同，对地形的要求也就不尽相同。城市中的公园、小游园、滨湖景观、绿化带、居住区绿地等对地形的要求相对高一些，设计者可以进行适当的处理，以满足使用和造景等方面的要求。相对而言，郊区的自然风景区、森林公园、休疗养地、工厂区绿地等对原地形的要求较低，设计者可因势就形，稍作处理，应偏重于对原地形进行利用。

3. 满足景观需求的原则

园林应以优美的景观来丰富游人的游憩活动。在进行园林地形设计时，设计者应力求创造出优美的游憩活动场所，设计开敞、封闭或半开敞的园林空间，以形成丰富的景观层次。在设计地形时，设计者也要考虑其他园林要素的布置等问题。

4. 符合园林工程要求的原则

园林地形的设计在满足使用需求和景观需求的同时，也必须符合园林工程的要求。当地形比较复杂时，地形处理应坚持科学的原则。山体的高度、土坡的倾斜面、水岸坡度的合理稳定性、平坦地形的排水，以及开挖水体的深度与河床的坡度关系等都要以科学为依据进行严格的推敲。园林建筑设置点的基础、桥址的基础等都是应该考虑的工程技术问题。园林地形的设计中应避免发生陆地内涝、水面泛滥或枯竭、岸坡崩坍等工程事故。

5. 创造园林植物种植环境的原则

丰富的园林地形可以形成不同的小环境、小气候，有利于拥有不同生态习性的园林植物的生长。园林植物有耐阴、喜光、耐湿、耐旱等类型。在园林地形的设计中，设计者要充分考虑园林植物的生态习性、生长需求，尽量创造出适宜园林植物生长的环境。

（三）园林地形的设计

1. 园林平坦地形的设计

平坦地形可以用于开展各种活动，最适宜作建筑用地，也可以作道路广场、苗圃、草坪等用地，可以供游人游览休息，接纳和疏散人群，形成开朗景观，还可以用作疏林草地或高尔夫球场等用地。

平坦地形造景设计时要注意以下三点。

第一，在地形设计时，应该同时考虑园林景观和地表水的排放，平坦地形要有 3% ~ 5% 的坡度。各类地表的排水坡度见表 1-2-1。

表 1-2-1 各类地表的排水坡度

地表类型		最大坡度 /%	最小坡度 /%	最适坡度 /%
草地		33	1.0	1.5 ~ 10.0
运动草地		2	0.5	1
栽植地表		视土质而定	0.5	3 ~ 5
铺装场地	平原地区	1	0.3	—
	丘陵地区	3	0.3	—

第二，在有山水的园林中，山水交界处应有一定面积的平坦地形作为过渡地带，临山的一边应以渐变的坡度与山体相接，近水的一旁以缓慢的坡度徐徐伸入水中，形成冲积平原的景观。

第三，在平坦地形上造景可以与挖地堆山相结合，可以运用植物分隔、做障景等手法，以打破平地的单调乏味，防止景观一览无余。

2. 园林坡地的设计

（1）缓坡地（3% ~ 10%）

布置道路建筑时一般不受约束，可以不设置台阶，可以开辟园林水景，不宜布置溪流。水体与等高线平行。

（2）中坡地（10% ~ 25%）

在该地形设计中，设计者可以灵活利用地形的变化来进行景观设计，使地形既互相分隔又互相联系。在起伏较大的地形的上部可以布置假山，塑造上部突出的悬崖式陡崖。在中坡地布置道路时需要设步梯。在中坡地布置建筑时最好进行分层。中坡地上不宜布置建筑群，也不宜布置湖、池，而适宜设置溪流。（见图 1-2-1）

图 1-2-1　中坡地处理

（3）陡坡地（25% ~ 50%）

陡坡地视野开阔，但在设计时需要布置较陡的步梯，适宜点缀占地面积不大的亭、轩、廊等。（见图 1-2-2）

图 1-2-2　陡坡地的处理

在陡坡地的设计中，设计者应避免将地形处理成馒头形。设计者应充分利用自然，师法自然，利用原有植被和表土，在满足排水需求、适宜植物生长等情况下进行地形改造。

3. 园林山地的设计

山地是坡度大于 50% 的地形。在园林地形的处理中，山地一般不做地形改造，不宜布置建筑，可以布置登道、攀梯。地形常用坡度的范围见表 1-2-2。

表 1-2-2　地形常用坡度的范围

内容	极限坡度 /%	常用坡度 /%
主要道路	0.5 ~ 10	1 ~ 8
次要道路	0.5 ~ 20	1 ~ 12

续表

内容	极限坡度 /%	常用坡度 /%
服务车道	0.5 ~ 15	1 ~ 10
边道	0.5 ~ 12	1 ~ 8
入口道路	0.5 ~ 8	1 ~ 4
步行坡道	≤ 12	≤ 8
停车坡道	≤ 20	1 ~ 15
台阶	25 ~ 50	33 ~ 50
停车场地	0.5 ~ 8	1 ~ 5
运动场地	0.5 ~ 2	0.5 ~ 1.5
游戏场地	1 ~ 5	2 ~ 3
平台和广场	0.5 ~ 3	1 ~ 2
铺装明沟	0.25 ~ 100	1 ~ 50
自然排水沟	0.5 ~ 15	2 ~ 10
铺草坡面	≤ 50	≤ 33
种植坡面	≤ 100	≤ 50

二、园林水体设计

水在室外空间的设计和布局中至关重要，自古就有“园不离水”“无水难成园”的说法。园林中应尽可能布置一些水景。

（一）园林水体的作用

水具有多种多样的作用，有些作用属于实用方面的，有些作用与设计中的视觉感受有关。在园林设计中，水凭借其特殊的魅力成为一个重要因素。

1. 构造空间

（1）基底作用

大面积的水面具有开阔的视野，具有托浮岸畔和水中景观的基底作用。在进行大面积的水体景观营造时，设计者要利用大水面的视线开阔之处，在水岸边的陆地上营造其他非水体景观，并使之倒映在水中。设计者要将水中的倒影和景物本身作为一个整体进行综合造景，充分利用水面的基底作用。

（2）系带作用

在园林设计中，设计者应利用线型的水体，将不同的园林空间与景点连接起来，形成一定的风景序列，或者利用线型水体将散落的景点统一起来，充分发挥水体的系带作用来创造完整的水体景观。此类水体多为溪、涧、河流等。设计者应以水为联系纽带，将园林中多个景点组织成一个整体，将水体和周围的其他景物有机地结合起来，创造不同的水景或其他园林景观。如南京瞻园不同的水域空间中形成了不同的景观，最终形成了一个整体（见图 1-2-3）；扬州瘦西湖周围的景点安排也是发挥水体的系带作用。

图 1-2-3　南京瞻园

另外，游人在水中划船，岸上的景物依次展开，各个景点有机地联系在一起。

（3）焦点作用

部分水体所创造的景观能形成一定的视线焦点。动态水景有喷泉、瀑布、跌水、水帘、水墙、壁泉等，水的流动形态和声响能够吸引游人的注意力。在设计时，设计者应充分发挥此类水景的焦点作用，创造园林中的局部小景或主景。

2. 调控气候

大面积的水域能影响其周围的空气温度和湿度。在夏季，由水面吹来的微风具有凉爽作用；而在冬天，水面的风能使附近地区保持温暖。这就使得同一地区有水面的地方与无水面的地方出现温差。较小水面也有同样的效果，水面上水的蒸发使得附近的空气温度降低。如果有风刮到人们活动的场所，水的增湿效果更加强了。

3. 美学观赏功能

水体还有美化环境的作用。大面积的水面能以其宏伟的气势影响人们的视线，并能将周围的景色统一起来。而小水面则以其优美的形态、美妙的声音给人以视觉和听觉上的享受。

水体景物的美和功能都相当突出。水体景物不仅可以提供视觉欣赏，而且还可以提供听觉欣赏和触觉欣赏，例如，溪水击石溅起雪白的水花，淙淙作响，游人触摸那汩汩的流水，感到舒适惬意。溪涧布置得好，可以增加园景的观赏价值，提高园景的利用程度。

水体如果具有较高的观赏价值，就可以作为园中的主景，也可以作为陪衬的副景，呈现其特有的倒影景观。水体的柔和与广阔，常使人视野开阔、心情畅快。

（二）园林水体的类型

园林中的多数水体是人工改造后形成的，所创造的水体形式多样。水体可按不同的形式来划分。

1. 按水体形态划分

按照水体形态来划分，园林水体可分为静水和动水。

（1）静水

静水是不流动的、平静的水，如园林中的海、湖、池、沼、潭、井等。粼粼的微波给人以明洁、恬静、开阔、幽深或扑朔迷离的感受。

（2）动水

动水如溪、瀑布、喷泉、涌泉、水阶梯等，给人以清新明快、变幻莫测、激动兴奋的感觉。动水在园林设计中有很多用途，最适合用于引人注目的视线焦点处。

2. 按水体形式划分

按照水体形式来划分，园林水体可分为自然式水体、规则式水体和混合式水体。

（1）自然式水体

自然式水体是保持天然的或模仿天然的水体形式，如河、湖、溪、涧、瀑布等。自然式水体在园林中随地形的变化而变化，有聚有散，有直有曲，有高有低，有动有静。

（2）规则式水体

规则式水体是人工开凿的几何形状的水体形式，如水渠、运河、几何形水池、水井、方潭，以及喷泉、叠水、水阶梯、瀑布、壁泉等。规则式水体常与山石、雕塑、花坛、花架、铺地、路灯等园林小品组合成景。

（3）混合式水体

混合式水体是规则式水体与自然式水体的综合，二者互相穿插或相互结合。

（三）园林水体设计原则

1. 以自然生态平衡为基点

若原场地中已有水体，则应尊重场地中原有水体的特征，顺应自然，因势利导，主要做一些水体的梳理工作，避免采用过度的人工手段进行绝对的控制，使新的设计对原生态环境的影响降到最低，并使新的设计有利于生态条件的进一步改善。若原场地没有水体，需要新增人工水体，则应适度把握人工水体的数量与面积，避免资源浪费。另外，驳岸等构筑物应多利用当地的乡土材料，多运用一些自然的元素。

在设置水景时，要注意与其他部分协调起来，以保证整体效果，使软质、硬质景观更加完美、和谐。这一原则既适用于新建水景，又适用于对现有水景的改建、修复。

在设计水景时，还要考虑气候因素。在热带地区，由于蒸发迅速，需要不停地补充水量，水量过小是不现实的。同样，在寒冷地区，水景的设计应该考虑冰冻气候条件。

2. 合乎场地环境和功能需求

水体设计，尤其是水体形态的选择，应与所处环境具有一致性，符合景观场所的环境特征和氛围。同时，设计者应根据不同景观的功能，设计不同的水景形式，以凸显场所的功能特性。在设计水景时，设计者要考虑涉及水的法规，切忌水景用水量过大。大量用水费用高昂，在旱情发生时，大量用水更加难以实现。

3. 注重人的心理的多元需求

水体的设计应契合人的心理需求，突出可赏、可游等特点。设计者在注重营造水体观赏性的同时，要为人们在水景中的参与和互动创造更多的机会。

（四）水体设计

1. 湖泊的设计

在我国古典园林和现代园林中，湖常作为园林构图中心，如北京的颐和园，苏州的网师园、留园，上海的长风公园等，都设有中心湖，其周围设有园林建筑等。这种园林布局手法有利于较好地组织园内的景点，产生小中见大的艺术效果。

湖的水岸曲折起伏，沿岸因境设景。湖除了具有一定的水型以外，还需要具有相应的岸型规划设计。协调的岸型可以更好地表现水景在园林中的作用和特色。园林中的岸型多以模拟自然取胜，包括洲、岛、堤、矶、岸等形式，不同的水型应具有不同的岸型。

湖面上可通过获取倒影来扩展空间，增强虚幻效果，也可以通过水中植莲、养鱼或水禽等方式打破大水面空洞、呆板的局面。（见图 1-2-4）

图 1-2-4 杭州西湖

2. 水中岛的设计

古时有“东海仙岛”的神话传说。岛会给人们带来神秘感，在现代园林的水体设计中，设计者也常聚土为岛，植树点亭或设专类园于岛上。这既划分了水域空间，又增加了层次的变化，还增添了游人的探求情趣。尤其是对于较大的水面来说，岛可以打破水面的单调感。从水面上观岛，岛可以作为一个景点，也可以起到障景作用。在岛上眺望，游人可以遍览周围景色，岛是一个绝好的观赏点。由此可见，于水中设岛是增添园林景观的一个重要手段。

岛的类型有很多，主要有山岛、平岛、半岛等。

（1）山岛

山岛突出水面，有土山岛和石山岛之分。土山岛因坡度有限制，需要和缓升起，土山岛的高度受到宽度的限制，土山岛上可广植树木。与土山岛相比，石山岛高出水面较多，具有险峻之势。山岛上可点缀建筑，配以植物，它们常成为园林中的主景。

（2）平岛

天然的洲渚系泥沙淤积而形成坡度和缓的平岛。园林中人工的平岛亦遵循洲渚的规律，岸线圆润，曲折而不重复，岸线平缓地伸入水中，水陆之间非常接近，给人以亲近之感。平岛景观多以植物和建筑来呈现，岛上可种植耐湿喜水的树种，临水点缀建筑。水边还可配置芦苇之类的水生植物，形成生动而具有野趣的自然景色。知名的平岛有哈尔滨的太阳岛、青岛的琴岛、威海的刘公岛、厦门的鼓浪屿（见图 1-2-5）、太湖的东山岛、西湖的三潭印月等。

图 1-2-5　厦门的鼓浪屿

（3）半岛

半岛有一面连接陆地，三面临水，其地形高低起伏。半岛上可设置石矶，以便游人停留眺望。岛陆之间可设置道路，以便于游览。

3. 水堤的设计

水堤可以将较大的水面分隔成具有不同景色的水区，还可以作为通道。园林中的水堤多为直堤，曲堤较少。为了避免单调、平淡，堤不宜过长。为了便于水上交通和沟通水流，堤上常设桥。如果堤长桥多，那么桥的大小和形式应有所变化。堤在水面上不宜居中，多位于一侧，以便将水面划分成大小不同、主次分明、风景有变化的水区。用堤来划分空间，需要在堤上植树，以增强分隔的效果。长堤上植物花叶的色彩，以及水平与垂直的线条，能够使景色产生连续的韵律。堤上路旁可设置廊、亭、花架、凳、椅等设施。堤岸可以用缓坡的或石砌的驳岸，堤身不宜过高，以便游人接近水面（见图 1-2-6）。

图 1-2-6　水堤的设计

4. 水池的设计

水池属于静水，面积可大可小，形状可方可圆。水池用于规则式园林中，其外形轮廓为有规律的直线或曲线闭合而成的几何形，多为圆形、方形、矩形、椭圆形、梅花形、半圆形或其他组合类型，线条轮廓简单。

自然式水池的外形轮廓由无规律的曲线组成。在设计水体的岸线时，应该以平滑流畅的曲线为主，体现水的流畅柔美。驳岸和池底尽可能以天然素土为主，而且应与地下水沟通，这样可以大大降低水体的更新费用和清洁费用。自然式水池的驳岸常结合假山石进行布置。

除外形轮廓的设计外，与环境有机结合也是水池设计的一个重点。这主要表现在获取水中倒影方面。水面波光粼粼，利用水池水面的倒影作为借景，能够丰富景物的层次感，扩大视觉空间，增强空间的韵味，从而产生一种朦胧的美感。但设计者需要确定好观赏点位置，以及水面大小与其他形成倒影的园林要素之间的关系。（见图 1-2-7）

图 1-2-7　水池的设计

5. 泉的设计

泉是地下水的自然露出，因水温不同而分为冷泉和温泉，又因表现形态不同而分为喷泉、涌泉、溢泉、间歇泉等。喷泉又叫喷水，是理水的重要手法之一，常用于城市广场、公园、公共建筑（宾馆、商业中心等），或者作为建筑、园林的小品广泛应用于室内外空间。喷泉常与水池、雕塑同时设计，结合为一体，起到装饰和点缀园景的作用。喷泉在现代园林中应用得非常广泛，常成为局部构图中心。其形状有涌泉形、直射形、雪松形、牵牛花形、扶桑花形、蒲公英形、雕塑形等。另外，喷泉又可分为一般喷泉、时控喷泉、声控喷泉、灯光喷泉等。

6. 瀑布的设计

瀑布是利用地形落差构成的落水。利用落差、水流量和落水的声音，可以构成独特的水景图。在自然界中，水总是集于低谷，顺谷而下，在平坦地便为溪水，逢高低落差便成瀑布。设计者模拟自然界中的瀑布，根据园林中的地形情况和造景需要，创造出不同的瀑布景观。

常见的瀑布由五个部分构成，即上游水流、落水口、瀑身、受水潭、下游泄水。其中，人们主要观赏的是瀑身景观。落水口决定瀑身，瀑身也受到水量大小的影响。在设计人工瀑布时，设计者通过水泵来设计水量，设定落水口的大小，创造预期的瀑布景观。（见图 1-2-8）

图 1-2-8　人工瀑布

7. 溪涧的设计

溪涧是自然山涧中的一种水流形式。泉水由山上断口处集水而下，至平地时流淌而前，形成溪涧水景，溪浅而阔，涧狭而深。在园林中，小溪两岸砌石嶙峋，溪水中可疏密有致地放置大小石块，两岸土石之间可栽植一些耐水湿的蔓木和花草。这可以构成极具自然野趣的景观。

在狭长形的园林用地中，采用溪流这种理水方式比较合适。在平面设计上，溪流应蜿蜒曲折，有分有合，有收有放，有大小不同的水面或宽窄各异的水流；在竖向设计上，溪流应随地形变化，形成跌水或瀑布，落水处还可形成深潭幽谷。

三、园路和园桥设计

（一）园路

园路是园林中与人关系最为密切的设计要素，也是园林绿地构图的重要组成部分，是联系各景区、景点及活动中心的纽带。园路设计得合适与否，直接影响到园林绿地的布局和利用率。因此，设计者需要精心设计园路，因景设路，达到步移景异的效果。

1. 园路的功能

（1）组织交通

园路同其他道路一样，具有基本的交通功能，发挥集散、疏导游人和组织交通的作用。此外，园路还要承担园林绿化建设、养护和管理等运输任务，供人、机动车辆和非机动车辆通行。

（2）划分空间

园路本身是一种线性狭长的空间。园路把园林划分成不同形状、不同大小的一系列空间。通过大小和形状的对比，园林空间的形象得到了丰富，艺术性得到了增强。

（3）引导游览

设计者常常利用地形、建筑、植物和道路把园林分隔成具有不同功能的景区，同时又通过道路把各景区和景点联系成一个整体。园路是园林中各景点之间相互联系的纽带，使整个园林形成一个空间上的艺术整体。它不仅解决园林的交通问题，而且还是园林景观的导游脉络。园路作为无形的艺术纽带，很自然地引导游人从一个景区到另一个景区，从一个风景点到另一个风景点，从一个风景环境到另一个风景环境。也就是说，园路担负着组织园林观赏顺序、向游人展示园林风景的作用。园路中的主路和一部分次要道路被赋予明显的导游性，能够自然而然地引导游人按照预定路线有序地进行游赏。因此，园路也就成了导游线，使园林景观像一幅幅连续的图画不断地呈现在游人面前。

（4）构成景观

在园林中，园路和地形、植物、建筑等共同构成园林优美景观。园路也是园林造景的重要元素。一方面，随着地形、地势的变化，各种不同姿态的道路可以从不同方面、不同角度与园林内的各种建筑和植物共同组合成景；另一方面，园路本身的曲线、质感、色彩和尺度等都给人以美的享受。

另外，园路也能用于进行某种园林意境的创造。利用园路的形式和铺装材料在某种特定的环境中能渲染出特定的园林气氛，从而营造出一定的园林意境。例如，我国古代的宫殿、寺庙等常用各种莲纹花砖铺地，以烘托出清雅和高洁的气氛；一些私家园林或庭院用中国化的吉祥图案铺地，带给人美好的祝愿（见图 1-2-9）。

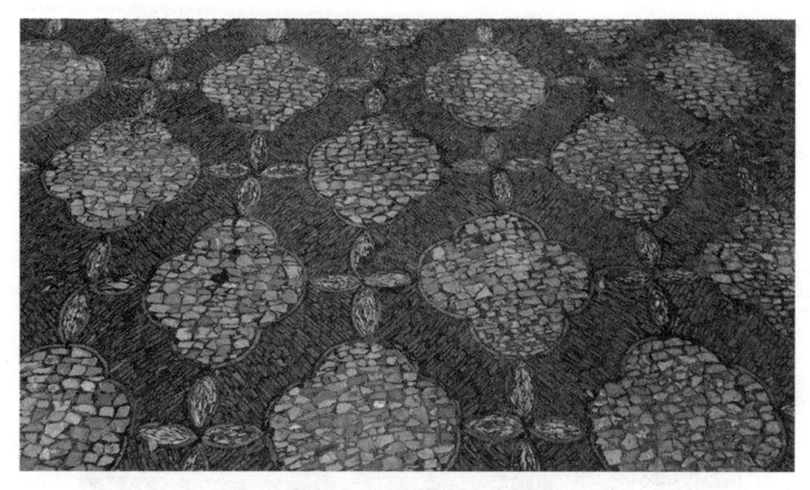

图 1-2-9　海棠图案园路

2. 园路的类型

（1）按平面构图形式划分

按平面构图形式来划分，园路分为规则式道路和自然式道路。规则式道路采用严谨整齐的几何形布局形式，突出人工之美。自然式道路以其自然曲折、无迹可循的布局，营造出曲径通幽的意境。

（2）按性质和功能划分

按性质和功能来划分，园路分为主干道、次干道和游步道。主干道是指从入口通向全园各景区中心、主要景点和主要建筑的道路。其道路规格因园林的性质和规模不同而存在差异，中小型绿地的宽度一般为 3 ~ 5 米，大型绿地的宽度一般为 6 ~ 8 米，以能通行双向机动车辆为宜。次干道是指分散在各景区、连接景区内各景点的道路。次干道和各主要建筑相连。路宽为 2 ~ 3 米，以能单向通行机动车辆为宜。游步道引导游人深入到园林各个角落，供游人寻幽探胜、散步休息之用。游步道应该满足双人并排行走的需求，路宽为 1.2 ~ 2 米，小径可以为 0.8 ~ 1 米。

（3）按路面铺装材料划分

按路面铺装材料来划分，园路路面分为整体路面、块料路面、碎料路面和简易路面。整体路面是指用水泥混凝土或沥青混凝土进行整体浇筑的路面。整体路面平整、耐压、耐磨，一般用于通行车辆和人流集中的主路。块料路面是指用各种天然块料或各种预制混凝土块料铺成的路面。块料路面坚固、平稳，便于行走，适用于游步道或少量轻型车通行的路。碎料路面是指用各种碎石、瓦片、卵石等拼砌而成的路面，往往铺成一定的图案和纹样，主要用于庭院或游步路，具有经济、美观和装饰性强等特点。简易路面是指由三合土、煤渣等材料铺成的临时性路面，一般用于临时性或过渡性地段。

3. 园路的设计

（1）曲折迂回，曲之有度，设置良好的曲线

园路常是曲折迂回的，而这种变化不是随意形成的，是有原因的。一是地形和地物的要求。如道路遇到山丘、水体、建筑、树木或石块，需要曲折迂回。二是功能上的要求。如为了组织风景，延长游览路线，扩大空间，园路在平面上要有适当的曲折。恰当的曲线，能使游人从紧

张的气氛中走出来，从而获得舒适感和美感。（见图 1-2-10）

图 1-2-10　园路的设计

（2）设置适宜的道路坡度和台阶

为了满足排水的需要，园路一般应有 0.3% ~ 8% 的纵坡和 1.5% ~ 3% 的横坡。具体情况根据不同的路而确定。

当地面坡度较陡时，应该设置台阶或蹬道。除了具有使用功能以外，台阶还以其富有节奏感的外形轮廓，起着装饰、美化的作用。一般来讲，当地面坡度超过 12°时，应该设置台阶；当地面坡度超过 20°时，必须设置台阶；当地面坡度超过 35°时，要在台阶的一侧或两侧设置扶手栏杆；当地面坡度超过 60°时，应该设置蹬道和攀梯等。在室外设计台阶时，一般台阶高为 10 ~ 16.5 厘米，宽为 30 ~ 38 厘米。每 12 ~ 20 级台阶处需要设置休息平台。在专门的儿童游戏场，由于儿童是特殊的服务对象，踏步的高度应该适当降低，一般为 9 ~ 12 厘米。

（3）处理好园路和建筑的关系

设置道路时，应使道路稍微远离建筑。当园路通往大建筑时，为了避免路上游人干扰建筑内部活动，可以在建筑前设集散广场，使园路由广场过渡后再和建筑联系。当园路通往一般建筑时，需要在建筑前适当加宽路面或设置分支道路，以利于游人分流。园路一般不穿过建筑物，而是从建筑物四周绕过。园路在通向建筑物时，应该逐渐与建筑物垂直。

（4）处理好园路的交叉和分支

园路在布局时难免出现很多的道路交叉和分支，在处理这些交叉和分支时需要注意以下几点。

①两条主干道相交时，应尽可能正交。为了避免游人拥挤，可以设置小广场。两条主干道如果斜交，在自然式道路中，斜交的两个对角不宜相等。

②两条道路相交所成的角度不宜小于 60°。若角度过小，可在道路中间设三角绿地。

③道路交叉不宜过多，特别是在一眼就能看到的范围内。两个交叉口不宜太近，要主次分明。

④两条道路交叉相连处一般采用弧线，曲线半径要合适。

⑤在设置分支道路时，分支点宜设置在主干道突出的位置上。

⑥若两条道路成丁字形相交，交点处可设道路对景。道路转弯处要设转角景。

（5）设计好园路铺装

在设计园路时，设计者不仅要注意总体上的布局，还应该注意路面本身的装饰作用，使路面本身成为景观。除了采用传统的砖、卵石和碎石等材料铺成各种图案来加强园路的装饰性和观赏性以外，随着现代建筑材料的开发，园林中广泛采用各种新型材料进行铺装。这既能加强装饰性，又能为园林增添色彩。材料的选择和图案的设计应该与园林风格相统一，同时设计者还应该考虑道路的荷载。（见图 1-2-11）

图 1-2-11　园路铺装

（二）园桥

园桥是用于行人与轻便车体跨越沟渠、水体及其他凹形障碍的构筑物，是园林景观的组成部分。园桥总是和园路紧密联系在一起，成为园路上的一种结点或一种端点。园桥具有联系交通、组织游览线路、变换观赏视线、点缀水景、增加水面层次感的作用。

1. 园桥的选址

园路与河渠、溪流交叉处必须设置园桥，把中断的路线连接起来。

在大水面上造桥，最好选用拱桥、廊桥、栈桥等比较长的园桥。桥址应选在水面相对狭窄的地方，这样可以缩短建桥的长度，可以利用桥身来分隔水体。桥下不通游船时，桥面可以设计得低平一些，使人更接近水面。桥下需要通过游船时，可以把部分桥面抬高，做成拱桥样式。

庭院水池或一些面积较小的人工湖适宜布置体量较小、造型简洁的园桥。若是用桥来分隔水面，则九曲桥、拱桥、汀步等都可以选用。但是要注意，小水面特别忌讳从中部均等分隔，均等分隔意味着没有主次之分，无法突出水景重点。

为了连接中断的假山蹬道，设计者可将园桥布置在假山断岩处，将园桥做成天桥造型。这能够使人产生奇特有趣的感受，丰富假山景观。在风景区游览小道延伸至无路的峭壁前，可以架设栈道以通过峭壁。

栈道既可以布置在山壁边，又可以布置在水边。在植物园的珍稀草本植物展区或动物园的珍稀小动物展区，架设栈桥可将游人引入展区，游人在栈桥上观赏植物或动物，与观赏对象更加接近，同时还可以使展区地面环境和动植物展品得到良好的保护。园林内的沼泽植物景区也可以采用栈桥的形式，将游人引入沼泽地游览观景。

2. 园桥的类型

（1）平桥

平桥外形简单，有直线形和曲折形，结构有梁式和板式。板式桥适于较小的跨度，如北京颐和园中谐趣园瞩新楼前跨小溪的石板桥，简朴雅致。曲折形的平桥是中国园林中所特有的，不论三折、五折、七折、九折，通称“九曲桥”。其作用是延长游览行程和时间，扩大空间感，在曲折中变换游览者的视线方向，做到“步移景异”。

（2）拱桥

拱桥造型优美，曲线圆润，富有动态感。单拱桥的拱券呈抛物线形。多孔拱桥适于跨度较大的宽广水面，常见的多为三孔、五孔、七孔。著名的颐和园十七孔桥，连接南湖岛，丰富了昆明湖的层次，成为万寿山的对景。

（3）亭桥、廊桥

加建亭廊的桥，称为亭桥或廊桥。亭桥或廊桥可以供游人遮阳避雨，还可以增加桥的形体变化。例如，杭州西湖亭桥，在曲桥中段转角处设四角亭，巧妙地利用了转角空间，给游人提供小憩之处；扬州瘦西湖的五亭桥，多孔交错，亭廊结合，形式别致（见图 1-2-12）。廊桥有的与两岸建筑或廊相连，如苏州拙政园的“小飞虹”，有的独立设廊，如桂林七星岩前的花桥。苏州留园曲奚楼前的一座曲桥上覆盖紫藤花架，它成为别具风格的“绿廊桥”。

图 1-2-12　扬州瘦西湖五亭桥

（4）吊桥、浮桥

吊桥是以钢索、铁链为主要结构材料，将桥面悬吊在水面上的一种园桥形式。吊桥吊起桥面的方式有两种：一种是全用钢索、铁链吊起桥面，并将钢索、铁链作为桥边扶手；另一种是在上部用大直径钢管做成拱形支架，从拱形钢管上垂下钢制缆索吊起桥面。吊桥主要用在风景区的河面上或山沟上面。将桥面架在整齐排列的浮筒或舟船上，可构成浮桥。浮桥适用于水位常有涨落而又不便人为控制的水体中。

（5）栈桥与栈道

架长桥为道路，是栈桥和栈道的根本特点。严格来讲，栈桥和栈道并没有本质上的区别，栈桥多独立设置在水面上或地面上，而栈道则多依傍于山壁或岸壁。

（6）汀步

汀步是一种没有桥面、只有桥墩的特殊的桥，或者也可以说是一种特殊的路，是采用线状排列的步石、混凝土墩、砖墩或预制的构件布置在浅水区、沼泽区、沙滩上或草坪上形成的能够行走的通道（见图 1-2-13）。

图 1-2-13　汀步

3. 园桥的结构形式

园桥的结构形式随其主要建筑材料的不同而有所不同。例如，钢筋混凝土园桥和土桥常采用板梁柱式结构，石桥常采用悬臂梁式或拱券式结构，铁桥常采用桁架式结构，吊桥常采用悬索式结构等。这都说明建筑材料与桥的结构形式是密切相关的。

（1）板梁柱式

板梁柱式以桥柱或桥墩支撑桥体重量，在梁上铺设桥板做桥面。在桥孔跨度不太大的情况下，也可不用桥梁，直接将桥板两端搭在桥墩上，铺成桥面。桥梁、桥面板一般用钢筋混凝土预制或现浇。如果跨度较小，也可用石梁和石板。

（2）悬臂梁式

悬臂梁式是指桥梁从桥孔两端向中间悬挑伸出，在悬挑的梁头上再盖上短梁或桥板，连成完整的桥孔。这种方式可以增大桥孔的跨度，便于桥下行船。石桥和钢筋混凝土桥都可以采用悬臂梁式结构。

（3）拱券式

桥孔由砖石材料拱券而成，桥体重量通过圆拱传递到桥墩。单孔桥的桥面一般也是拱形，因此它基本上属于拱桥。三孔以上的拱券式桥的桥面多数被做成平整的路面，但也常被做成半径很大的微拱形桥面。

（4）桁架式

桁架式是指用铁制桁架作为桥体。桥体杆件多为受拉或受压的轴力构件，这种杆件取代了弯矩产生的条件，使构件的受力特性得以充分发挥。杆件的结点多为铰接。

（5）悬索式

悬索式是一般索桥的结构方式。粗长的悬索固定在桥的两头，底面由若干根钢索排成一个平面，其上铺设桥板作为桥面。两侧各有一根至数根钢索从上到下竖向排列，并由许多下垂的钢绳相互串联在一起，下垂钢绳的下端则吊起桥板。

4. 园桥的设计

园桥的设计要注意以下几点。

第一，桥的造型、体量应与园林环境、水体大小相协调。

第二，桥与岸相接处要处理得当，以免生硬呆板。

第三，桥应与园林道路系统相互配合，力求便于交通、便于联系游览线路和观景点。

第四，注意水面的划分，应选窄处架桥，把水面划分成大小不同的两部分，以增加环境空间层次感，扩大空间。

四、园林建筑小品设计

园林建筑小品是指园林中体量小巧、数量多、分布广、功能简明、造型别致，具有较强的装饰性，富有情趣的精美设施。它包括两个方面：一是园林的局部（如花架）和配件（如园门、景墙等）；二是园林小品建筑的局部和配件（如景窗等）。园林小品虽然小，但是具有较强的装饰性，对园林景色有很大的影响。

随着工程技术、材料科学的发展和人类审美观念的提升，园林建筑小品被赋予了新的意义，其形式也越来越复杂多样。园林建筑小品的多样性、时代性、区域性和艺术性，也给园林建筑小品设计赋予了新的使命。

（一）园林建筑小品的种类

按照使用功能来划分，园林建筑小品大致可以分为以下四种类型。

1. 服务类小品

服务类小品主要为游人提供一定的服务，兼有一定的观赏作用，如供游人休息、遮阳用的廊架、座椅（见图 1-2-14），为游人服务的洗手池，为保持环境卫生的垃圾箱等。

图 1-2-14　园林座椅

2. 装饰类小品

装饰类小品主要是指具有一定使用功能和装饰作用的小型建筑设施，如雕塑、景墙、窗、门、栏杆等。有的装饰类小品也兼具其他功能。

3. 照明类小品

照明类小品种类繁多，主要包括草坪灯、广场灯、景观灯、庭院灯、射灯等灯饰小品（见图 1-2-15）。园灯的基座、灯柱、灯头、灯具等都有很强的装饰作用。

图 1-2-15 园林灯饰

4. 展示类小品

展示类小品包括有关旅游和日常生活的导游信息标识、地图、布告栏、路标、指示牌等，具有一定的指导、宣传、教育的功能。

（二）园林建筑小品的设计原则

在园林构景中，园林建筑小品虽然作为空间点缀物，但是若能独具匠心、得到巧妙运用，则有点睛之妙，并可充分发挥增添景致的作用。在进行园林设计时，设计者要综合考虑园林建筑小品的特点和功能，结合周围的环境，因地制宜，精心琢磨，充分发挥园林建筑小品的作用。在设计园林建筑小品时，应遵循以下几个原则。

1. 注重立意和布局

立意就是设计者根据功能需要、艺术要求和环境条件等因素，经过综合考虑所产生出来的总的设计意图。立意关系到设计的目的，是在设计过程中采用各种构图手法的根据。

园林建筑小品的立意并不是一种孤立的思维活动，它往往要与园林的布局紧密联系起来。园林建筑小品在选址与布局时，要利用地形，结合自然环境，与山石、水体和植物互相配合、互相渗透。园林建筑小品的立意要以功能为基础，强调景观效果，突出意境的创造。因此，园林建筑小品与周围景物构成巧妙的借对关系，可以充分展现园林的艺术魅力。

园林建筑小品对游人具有强烈的感染力，这不仅因为园林建筑小品具有形式上的美，而且因为园林建筑小品在设计上具有巧妙的构思，表现出一定的意境，并与环境巧妙融合。

2. 注重情景交融

园林建筑小品应注重情景交融，抒发情趣。情景交融的特色与各个国家、各个地区的历史、文化等分不开。在我国古代，受到诗人歌颂田园生活的影响，以及历代名家山水画寓情寄意的影响，诗情画意可以在园林建筑意境的创造上反映出来，如通过楹联和匾额表现园林建筑深远的意境。园林建筑小品在设计时，也要具有深刻的含义，要表现一定的意境和情趣。一些园林建筑小品作为局部主景时，要具有独特的意境，如主题雕塑要具有一定的思想内涵，注重情景交融，表现出较强的艺术感染力。

3. 注重空间处理

园林建筑空间是园林建筑实体所围起来的“空”的部分，是人们活动的空间，能给予人最直接、最重要的影响和感受。园林建筑空间有容积空间、立体空间，以及二者相结合的混合空间。容积空间的基本特征是围合，空间是静态的、向心的、内聚的，空间中墙和地的特征比较突出。立体空间的基本特征是填充，空间层次丰富，有流动感。混合空间则兼有容积空间和立体空间的特征。

虽然园林建筑小品体量小，结构简单，所形成的空间感不及园林建筑，但是园林建筑小品中的景墙、花架等在划分空间方面具有一定的作用，因此，设计者也要注重园林建筑小品所起的空间作用。

4. 注重造型和色彩

园林建筑小品在设计时应灵活多变，不拘泥于特定的框架。设计者可根据需要自由发挥，进行灵活布局。园林建筑小品的布局位置、色彩、造型、体量、比例、质感等均应符合景观的需要。设计者应注重园林建筑小品的造型和色彩，注重园林建筑小品本身的美观和艺术性。此外，设计者可以利用园林建筑小品来组织空间、组织画面、丰富层次，从而取得良好的效果。

园林建筑小品作为园林之陪衬，一般在体量上不可喧宾夺主，不可失去分寸，力求精巧，力求得体。对于不同大小的园林空间来说，设计者在设计园林建筑小品时应有相应的体量要求和尺度要求。例如，在大的集散广场中宜设巨型灯具，达到明灯高照的效果，而在小庭院和小曲径之旁宜设小型园灯，小型园灯体量要小，造型要精致。其他园林建筑小品也是一样，要造型别致、精巧好看。

5. 注重装饰

在设计园林建筑时，设计者也要注重其装饰性。一方面，园林建筑具有装饰风景的作用，要注重造型、色彩、质感与环境的协调性；另一方面，园林建筑应有更精巧的装饰，既要增加美观性，又要以装饰物来组织空间、组织画面和丰富层次。

园林建筑小品比园林建筑具有更大的装饰作用。因此，在设计时，设计者需要在建筑小品的外形、色彩、质感和布置形式等方面精心设计，注重细部，充分发挥园林建筑小品的景观作用。

（三）园林建筑小品的设计

1. 服务类小品的设计

（1）桌、椅、凳

桌、椅、凳是园林中必备的供游人休息、赏景之用的设施。设计者一般把它们布置在有景可赏、可安静休息的地方，或者布置在游人需要停留休息的地方。在满足美观和功能的前提下，结合花台、挡土墙、栏杆、山石等来设置桌、椅、凳。桌、椅、凳力求造型美观、舒适耐用、构造简单、易清洁、装饰简洁大方。桌、椅、凳的色彩、风格应与环境相协调。设计者可以单独布置桌、椅、凳，也可以将桌、椅、凳组合起来进行布置。

（2）花架

花架是指攀缘植物的棚架，可以供游人休息、赏景之用。花架的造型灵活、轻巧。花架本身也是观赏对象，有直线式、曲线式、折线式、双臂式、单臂式等。它与亭、廊组合能使空间丰富多变，人们在其中活动极为自然。花架还具有组织园林空间、划分景区、增加风景深度的作用。在布置花架时，设计者要注意格调清新，还要注意与周围建筑和植物在风格上的统一。我国古典园林较少应用花架。但在现代园林中，由于新材料（主要是钢筋混凝土）的广泛应用和各国园林风格的融合，花架被设计者广泛应用。（见图 1-2-16）

图 1-2-16　花架

2. 装饰类小品的设计

（1）景墙

景墙是园林建筑小品中主要用来分隔空间、丰富景观层次、组织游览路线的一类构筑物。在分隔空间时，景墙一般设在景物变化的交界处或地形、地貌变化的交界处，使两侧有截然不同的景观。在丰富空间层次时，景墙往往与漏窗和花格等结合起来，起到空间渗透作用，以及控制和引导游览路线的作用。园林中的景墙也可以用作背景。

在设计景墙时，第一，要选择好位置，根据园林造景的需要合理安排景墙的起止。第二，要做好景墙的造型，其形象要与环境协调一致。墙面上需要设漏窗、门洞或花格时，其形状、大小、数量、纹样均要比例适度、布局有致，以形成统一的格调。色彩、质感也是景墙造型的重要方面，既要形成对比，又要互相协调；既要醒目，又要调和。第三，要考虑安全性。第四，要选好墙面及墙头的装饰材料。

（2）园门

园门从功能与体量上来看一般有两种类型。一类是小游园或园林景区的门，其体量小，主要起到引导出入和造景的作用。另一类是公园的门，其体量大，功能较复杂，设计者需要考虑出入、会客、警卫值班等方面的要求。

小游园的园门设计常追求自然、活泼，门洞的形式多为曲线形式、象形形式和一些折线的组合形式，如圆门、月门、梅花门、汉瓶门等。在空间体量、形体组合、细部构造，以及材料与色彩的选用方面，园门应与园林环境相协调。例如，儿童游园的园门宜活泼新颖，色彩宜鲜艳些，体量、尺度应适宜儿童，以符合儿童好奇的心理特点。街头小游园园门的形式宜简洁，色彩宜素雅，这样可以给人以安宁、祥和之感。

在空间处理上，园门常被用来组织对景、借景，游人进入园门后可以感到“触景生奇，含情多致，轻纱环碧，弱柳窥青。伟石迎人，别有一壶天地”。

（3）景窗

园林中景窗又称透花窗，它既可以分割空间，又可以使墙两边的空间相互渗透、似隔非隔、若隐若现，达到虚中有实、实中有虚、隔而不断的艺术效果。景窗自身可成景，窗花玲珑剔透，造型丰富，装饰性强。景窗在园林中起到点睛作用。

景窗一般有空窗和漏窗两种形式。空窗是指不装窗扇和漏花的空洞。除采光外，空窗常作为景框，其后常设石峰、竹丛、花木等，形成框景。漏窗是通透漏洞的窗户。游人透过漏窗看景物，常常获得美妙的景观效果。

从构图上看，窗景的形式大致可以分为几何形和自然形两大类。几何形的图案有十字、菱花、万字、水纹、鱼鳞、波纹等。自然式的图案多为象征吉祥的动、植物，如象征长寿的鹿、鹤、松、桃等，象征富贵的凤凰，象征风雅的竹、兰、梅、菊、荷等。

在用料上，几何形景窗多用砖、木、瓦等制作，自然形景窗多用木头或铁片制作，用灰浆、麻丝逐层裹塑，成形后进行涂彩，现多用钢筋混凝土和水磨石制作。

（4）雕塑

园林雕塑主要指具有观赏性的雕塑作品。它不同于一般的大型纪念性雕塑，一般以观赏和装饰为主。园林雕塑具有强烈的感染力，被广泛应用于园林的各个区域。园林雕塑的题材不拘一格，形体可大可小，刻画的形象可具体、可自然、可抽象，表达的主题可严肃、可浪漫。园林雕塑的风格形象主要根据园林的性质、环境和条件而定。（见图 1-2-17）

图 1-2-17　园林雕塑

按照性质来划分，雕塑可以分为纪念性雕塑、主题性雕塑和装饰性雕塑。按照形象来划分，雕塑可以分为人物雕塑、动物雕塑、抽象雕塑和场景雕塑等。

雕塑一般设在园林主轴线上或风景透视线的范围内，也可设在广场、草坪、桥畔、山麓和堤坝旁等处。雕塑既可以独立设置，又可以与水池、喷泉等互相搭配。雕塑后面可以种植常绿树做衬托，这样可以突出雕塑形象。雕塑的主题还要与园林意境相统一。雕塑的位置、体量、色彩和质感都要与环境相协调，雕塑的布置要注意合理的视线距离和适当的空间尺度。

3. 照明类小品的设计

园灯既具有照明功能，又具有点缀园林环境的功能。

（1）位置选择

园灯一般设在园林的出入口、广场上、交通要道上、园路两侧、台阶上、桥梁上和建筑物周围。水景、喷泉、雕塑、花坛和草坪边缘等处多布置装饰性园灯。

（2）园灯的分类

园灯可以分为引导性照明灯、单纯照明灯、特色照明灯和景观灯。

4. 展示类小品的设计

展览栏可展出科技知识、文化艺术知识和国家时事政策等，既可以达到宣传教育的目的，又可以增加游人的知识。在园林内各路口设立标牌可协助游人顺利到达各游览景点。在道路系统复杂、景点较丰富的大型园林中（如植物园、动物园、综合性公园和风景区等）设立标牌显得尤为重要。标牌还具有点缀园林景观的作用。

五、园林植物设计

园林植物是指人工栽培的观赏植物，是供游人观赏、改善和美化环境、增添情趣的植物的总称，也指在园林建设中所需要的一切植物，包括木本植物和草本植物。

（一）园林植物的分类

园林植物的分类方法有很多。从方便园林规划和景观设计的角度出发，常按照外部形态将园林植物分为乔木、灌木、藤本植物、竹类植物、花卉和草坪六类。

1. 乔木

乔木是园林中的骨干植物，无论是在功能上还是在艺术处理上都能起到主导作用，如界定空间、提供绿荫、防止眩光、调节气候等。随着叶片的生长与凋落，多数乔木在色彩、线条、质地和树形方面可以形成丰富的季节性变化。即使冬季落叶后，多数乔木也可以展现出枝干的线条美。

2. 灌木

灌木没有明显的主干，多呈现出丛生状态。灌木能够提供亲切的空间，屏蔽不良景观，还能够作为乔木和草坪之间的过渡。同时，灌木对控制风速、减少噪声、防止土壤侵蚀等也有很大的作用。线条、色彩、质地、形状体现出灌木主要的视觉特征。其中，开花灌木具有较高的观赏价值和广泛的用途，多种植在需重点美化的地区。

3. 藤本植物

藤本植物可以美化无装饰的墙面，并提供季节性的叶色、花、果和光影图案等。藤本植物还可以提供绿荫，屏蔽视线，净化空气，减少眩光，减少辐射热，防止水土流失等。

4. 竹类植物

大的竹类植物可以高达 30 米，用于营造经济林或创造优美的空间环境。小的竹类植物可以做盆栽或做地被植物，也可以用作绿篱。竹类植物是观赏价值和经济价值都极高的植物类群。

5. 花卉

花卉是姿态优美、花色艳丽、花香馥郁、具有观赏价值的草本植物。根据生长期的长短，花卉可以分为一年生花卉、二年生花卉、多年生花卉（宿根花卉）、球根花卉和水生花卉五类。花卉是园林建设中的重要材料，可以用于布置花坛、花境、道路边缘等。花卉具有防尘、吸收雨水、减少地表径流、防止水土流失等多种功能。

6. 草坪

草坪在园林植物中属于植株最小、质感最细的一类。用草坪建立的活动空间，是园林中最具有吸引力的活动空间。它既清洁又优雅，既平坦又广阔。游人可以在其上散步、休息、娱乐等。草坪还有助于减少地表径流，降低辐射热和眩光，防止尘土飞扬，防止水土流失，保护环境。草坪是所有园林植物中持续时间最长而养护费用最高的一种。因此，设计者在用地和草种选择方面必须考虑适地适草和便于管理养护。

（二）园林植物的功能

一般来说，植物在室外环境中主要发挥三种功能，即改善和保护环境功能、造景功能和经济功能。

1. 改善和保护环境功能

（1）改善环境的功能

园林植物具有改善环境的功能，这主要表现在改善空气质量、蒸腾吸热（遮阳降温）、净化水质、降低噪声等方面。

（2）保护环境的功能

园林植物对环境的保护功能主要表现在涵养水源、保持水土、防风固沙、防止火灾蔓延、净化放射性污染等方面。园林植物还能反映出二氧化硫、氟化氢、氯化氢、光化学气体和其他有毒物质的污染状况。

2. 造景功能

对园林植物造景功能的整体把握和对各类植物景观功能的深刻领会是营造植物景观的基础和前提。园林植物的造景功能分为以下几个方面。

（1）形成空间变化

植物是园林景观营造中组成空间结构的重要元素。植物像建筑、山水一样，具有构成空间、分隔空间、引起空间变化的功能。设计者在园林设计中可以运用植物来划分空间，从而形成不同的景区和景点。设计者往往根据空间的大小，以及树木的种类、姿态、株数、配置方式等来营造景观。

（2）形成主景、背景，创造观赏景点

不同的园林植物形态各异，变化万千。设计者既可以以孤植来展示植物的个体之美，又可以按照一定的构图方式进行配置，以表现植物的群体之美，还可以根据植物的生态习性进行合理安排、巧妙搭配，营造出乔木、灌木等相结合的群落景观。

（3）形成季相景观和地域景观

园林植物随着季节的变化表现出不同的季相特征。要利用园林植物表现时序景观，设计者必须对植物的生长发育规律和四季的景观表现有深入的了解，根据植物在不同季节中的不同状态来创造园林景观，以供人欣赏。

不同的地域环境形成不同的植物景观。设计者可以根据环境、气候等条件选择适合生长的植物种类，营造具有地域特色的景观，并将植物景观与当地的文化融为一体。

（4）创造意境

中国植物栽培历史悠久，文化灿烂。很多诗、词、歌、赋中都留下了歌咏植物的优美篇章，并为各种植物赋予了人格化的内容。人们从欣赏植物的形态美升华到欣赏植物的意境美，达到天人合一的理想境界。

（5）对建筑、雕塑具有烘托与软化作用

植物还具有丰富空间、增加尺度感、丰富建筑物立面、软化过于生硬的建筑物轮廓等作用。园林中经常用柔质的植物来软化生硬的几何式建筑形体。纪念性场所，如墓地、陵园等，用常绿树来烘托庄严的气氛。大型标志性建筑物以草坪、灌木等来烘托其雄伟壮观的气势。雕塑以绿篱、树丛做背景。

3. 经济功能

许多园林植物具有生产物质财富、创造经济价值的作用。植物的全株或一部分，如叶、根、茎、花、果、种子及其分泌的附属物等，可以入药、食用或做工业原料。因此，在园林建设中，可结合园林植物的生产功能，为游人提供采摘等多种娱乐服务，增加经济收入。

（三）园林植物种植设计的一般原则

1. 符合园林的性质和功能要求

对于园林植物种植设计，设计者首先要考虑园林的性质和主要功能。不同性质的园林具有不同的功能。就某一绿地而言，它有其主要功能。例如，综合性公园要有集体活动的广场或大草坪，有遮阳的乔木，有密林、疏林等；工厂绿地的主要功能是防护，工厂前区、办公室周围的绿地应以美化环境为主，远离车间的绿地以提供休息之处作为主要功能。

2. 选择适合的植物种类，满足植物生态要求

在选择植物种类方面，一方面要满足植物的生态要求，使植物正常生长，即因地制宜，适地适树；另一方面要为植物的正常生长创造适合的生态条件。不同功能的园林对植物的要求各不相同。例如，街道绿化时要选择易活、对环境因子要求不高、抗性强、生长迅速的树种做行道树；山上绿化时要选择耐旱植物，所选择的植物要有利于衬托山景；水边绿化时要选择耐水湿的植物，所选择的植物要与水景相协调。

德国植物社会学家蒂克逊提出用地带性的、潜在的植物种，按“顶极群落”原理建成生态绿地。他的学生、国际生态学会会长、日本专家宫胁昭教授用20余年时间在全世界900个点

实践该理论并取得成功。用这种方法建成的生态绿地具有“低成本、快速度、高效益”的优点。宫胁昭教授用当地潜在的优势树种，通过播种育苗，经过1.5 ~ 2年育成高30 ~ 50厘米的壮苗，将其直接与组成“顶极群落”的伴生树种一起栽种在生态绿地上，经过精心养护，在日本横滨、大阪一带，壳斗科的常绿树种可以长到2米高，以后不用人工养护，靠自然力平衡每年可长高1米，6 ~ 8年后就能成林，形成近似自然的植物群落。

3. 要有合理的搭配和种植密度

园林植物的种植密度是否合适，直接影响到绿化功能、美化效果。种植过密会影响植物的通风采光，降低植物的光合效率，植物瘦小枯黄，易发生病虫害。设计者应根据植物的成年冠幅来确定种植距离。若要取得短期绿化效果，种植距离可近些。在进行植物搭配时，设计者要根据不同的目的和具体的条件，兼顾常绿树与落叶树、乔木与灌木、观叶树与观花树等植物的搭配，营造稳定的植物群落。

4. 考虑园林艺术的需要

（1）总体艺术布局要协调

园林布局的形式有规则式、自然式之分。在植物种植设计时，设计者要注意种植形式应与园林的布局形式相协调。规则式园林植物种植多采用对植、列植的形式。自然式园林植物种植多采用不对称的形式，充分展现植物的自然姿态。

（2）考虑四季景色的变化

为了突出景区或景点的季相特色，在植物造景时，设计者要综合考虑时间、环境、植物种类和生态条件的不同。在植物种植设计时，设计者可以分区、分段进行配置，使每个分区或地段突出一个季节的植物景观主题，同时，应该点缀一些其他季节的植物，避免单调，在统一中求变化。游人集中的重点地段应做到四季皆有景可赏。

（3）全面考虑植物在观形、赏色、闻味、听声上的效果

在植物种植设计时，设计者应该根据园林植物本身所具有的特点全面考虑各种观赏效果，进行合理配置。植物的可观赏性是多方面的，有“形”，包括树形、叶形、花形、果形等；有“色”，包括花色、叶色、果色、枝干颜色等；有“味”，包括花香、叶香、果香等；有“声”，如雨打芭蕉、松涛等。

（4）从总体上着眼园林植物种植设计

设计者在平面上要注意植物种植的疏密和轮廓线，在纵向上要注意树冠线，在树林中要注意开辟透景线。同时，设计者还要重视植物的景观层次、远近观赏效果，还要考虑种植方式，要处理好植物与建筑、山水、道路等之间的关系。

三 学习任务1

任务目的

1. 熟悉园路在园林中的作用与类型。
2. 掌握园路在园林中的布局特点与设计技巧。
3. 能够完成园路平面设计、立体设计和铺装材料的选用等。

任务内容与要求

1. 根据图 1-2-18 所示场地进行分析，结合园路设计的要求和技巧，进行自然式环形园路设计。

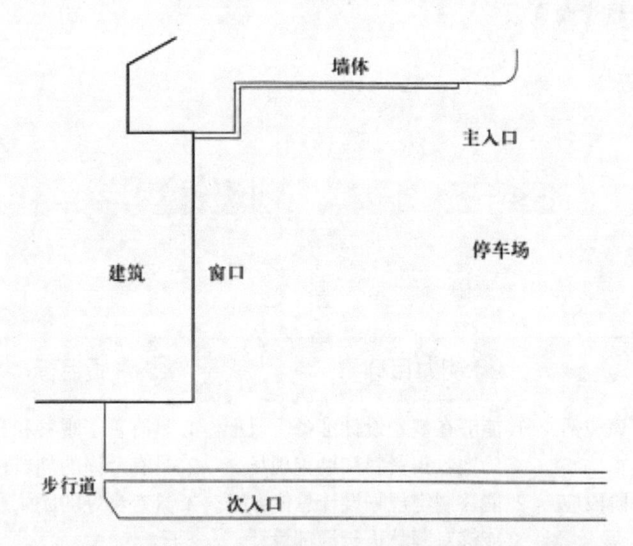

图 1-2-18　需要完成自然式环形园路设计的场地

2. 要求满足使用需求，构图美观、合理，注意与其他园林要素的搭配与结合。

任务实施

1. 根据所给地形的特点及场地现状进行分析，制定该绿地道路平面规划布局方案。
2. 绘制该绿地道路布局的平面图。
3. 添加其他景观要素。
4. 绘制规定场地的自然式环形园路的方案设计图。

学习任务 2

任务目的

1. 掌握园林植物的种植设计方法与技巧。

2. 能够完成园林绿地设计方案的种植设计，使之科学、美观。

任务内容与要求

1. 运用填空的方式，完成图 1-2-19 所示给定方案的种植设计，发挥自己的想象力和创造力。

2. 结合设计现状将各种植物配置形式穿插其中，使该设计更加完善，使内容更加丰富。

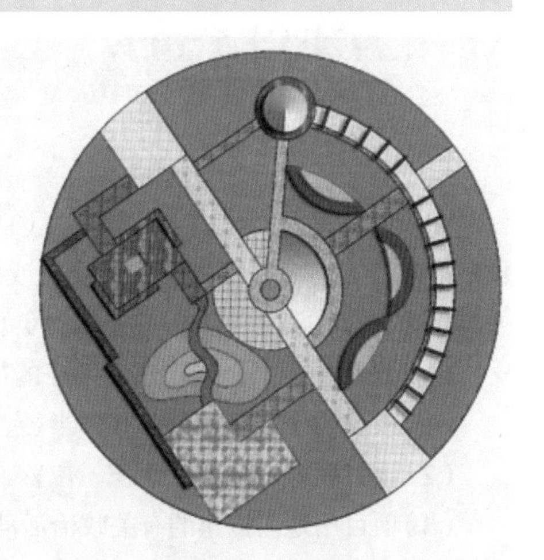

图 1-2-19　需要完成种植设计的场地

任务实施

1. 根据现状及功能分区，确定该绿地的种植设计风格，制定规划布局方案。

2. 根据其他园林要素合理进行植物配置，如孤植、对植、丛植、列植等。

3. 绘制该绿地种植设计的平面图。

4. 列出植物种植意向表。

任务三　园林规划设计程序

学习目标	能力目标	素质目标
1. 了解设计任务书应该包括的内容。 2. 熟悉规划设计准备阶段应该搜集的资料。 3. 掌握规划设计阶段的各项内容。 4. 熟悉后期服务阶段各项服务内容。	1. 能够在规划设计准备阶段准确地收集资料和勘查现场。 2. 能够制定规划设计总体方案。 3. 能够对园林进行局部设计。 4. 能够准确设计园林各部分施工图。	1. 具有善于观察和分析问题的能力。 2. 具有严谨的创新精神和求实的态度。 3. 具有良好的团队意识。

知识准备

一般来说，园林规划设计可以分为规划设计准备阶段、规划设计阶段和后期服务阶段三个阶段。

一、规划设计准备阶段

（一）承接任务

在一般情况下，建设项目的业主（俗称“甲方”）通过直接委托或招标的方式来确定设计单位（俗称“乙方”）。乙方在接受委托或招标之后，必须仔细研究甲方制定的规划设计任务书，并与甲方人员尤其是甲方的主要项目负责人多交流、沟通，以了解甲方的需求与意图。

规划设计任务书是确定建设任务的初步设想，主要包括以下内容。

（1）项目的作用和任务、服务半径、使用要求。

（2）项目用地的范围、面积、位置、游人容量。

（3）项目用地内拟建的有关政治活动、文化活动、娱乐活动、体育活动等的大型设施项目。

（4）建筑物的面积、朝向、材料和造型要求。

（5）项目用地在布局风格上的特点。

（6）项目建设近期、远期的投资计划及经费。

（7）地貌处理和种植设计要求。

（8）项目用地分期实施的程序。

（9）完成日程和进度。

（二）收集资料

在进行园林规划设计之前对项目情况进行全面、系统的调查，对资料进行收集，可以为规划设计者提供细致、可靠的规划设计依据。

1. 自然条件、环境状况及历史沿革

（1）甲方对设计任务的要求及历史状况。

（2）城市绿地总体规划与公园的关系，以及对公园设计的要求，城市绿地总体规划图的比例尺为1∶5 000 ～ 1∶10 000。

（3）公园周围的环境关系、环境特点、未来发展情况，如周围有无名胜古迹、人文资源等。

（4）公园周围的城市景观，如建筑形式、体量、色彩等与周围市政的交通联系，人流集散方向，周围居民的类型与社会结构。

（5）该地段的能源情况（电源、水源），以及排污、排水情况。周围是否有污染源，如有毒有害的厂矿企业、传染病医院等。

（6）规划用地的水文、地质、地形、气象等方面的资料。了解地下水位、年与月降雨量、年最高最低温度的分布时间、年最高最低湿度及其分布时间、年季风风向、最大风力风速，以及冰冻线深度等情况。重要的大型园林建筑规划尤其需要地质勘查资料。

（7）植物状况。了解和掌握地区内原有的植物种类、生态情况、群落组成情况，以及树木的年龄、观赏特点等情况。

（8）建园所需主要材料的来源与施工情况，如苗木、山石、建材等情况。

（9）甲方要求的园林设计标准和投资额度。

2. 项目用地图纸资料

（1）地形图

根据面积大小，提供1∶2 000、1∶1 000、1∶500等不同比例的基地范围内的总平面地形图。一般来说，基地面积大的规划类项目需要大比例地形图，反之，基地面积小的设计类项目需要小比例地形图。图纸应该明确显示设计范围（红线范围、坐标数字）、基地范围内的地形，以及标高和现状物（现有建筑物、构筑物、山体、植物、道路、水系、电源等）的位置等内容。对于现状物，要分别注明要求保留、利用、改造和拆迁等情况。四周环境情况包括：与市政交通联系的主要道路名称、宽度、标高点数字；道路和排水方向；周围机关、单位、居住区的名称、范围，以及今后发展状况。

（2）遥感影像地图

遥感影像地图一般按获取渠道不同分为航空像片（飞机拍摄）和卫星像片（卫星拍摄）。一般情况下，在对基地面积大的项目（如森林公园、湿地公园等）进行规划设计时必须借助遥感影像地图来完成各种现状分析。

（3）局部放大图（1:200）

局部放大图主要用于局部单项设计。局部放大图要满足建筑单体设计要求，以及周围山体、水系、植被、园林小品、园路的详细布局要求。

（4）要保留使用的主要建筑物的平面图、立面图

平面图要注明室内外标高，立面图要标明建筑物的尺寸、色彩、使用情况等内容。

（5）树木分布位置现状图（1:500、1:200）

树木分布位置现状图主要标明要保留树木的位置，并注明种类、胸径、生长状况和观赏价值等内容。有较高观赏价值的树木最好附有彩色照片。

（6）地下管线图（1:500、1:200）

地下管线图一般要求与施工图具有相同的比例。图内应包括要保留和拟建的上水、化粪池、电信、电力、暖气沟、煤气、热力等的管线位置及井位等。除了平面图以外，还要有剖面图，并需要注明管径的大小、管底或管顶标高、压力及坡度等。

（三）勘查现场

无论现场面积是大还是小，无论设计项目是困难还是容易，设计者都必须到现场进行认真勘查。一方面，设计者应核对、补充所收集的图纸资料，如建筑、树木等情况，以及水文、地质、地形等自然条件；另一方面，设计者到现场，可以根据周围环境条件进入艺术构思阶段。“俗则屏之，嘉则收之”，对于可利用、可借景的景物，要予以保留；对于影响景观的物体，要在规划过程中进行适当处理。根据具体情况，在必要的时候，勘查工作要进行多次。在现场勘查的同时，设计者要拍摄一定的环境现状照片，以供规划设计时参考。

以上任务内容繁多，在具体的规划设计中，设计者或许只用到其中的一部分工作成果。但是要想获得关键性的资料，设计者必须认真细致地对全部内容进行深入系统的调查、分析和整理。

二、规划设计阶段

（一）总体方案规划设计

根据设计任务书，进行园林的总体设计工作，即初步设计。设计工作包括图纸绘制和文本说明。

1. 总体设计说明

总体设计需要说明建设方案的规划设计理念及意图。具体包括以下内容。

（1）园林绿地的位置、范围、规模、现状及设计依据。

（2）园林绿地的性质、设计原则及目的。

（3）功能分区、各分区的内容，以及面积比例（土地使用平衡表）。

（4）设计内容（包括出入口、道路系统、竖向设计、山石水体等）。

（5）绿化种植安排、理由。

（6）电气等的各种管线说明。

（7）分期建园计划。

（8）其他。

2. 总体设计图纸

（1）区位图

区位图标明用地在城市中的位置，以及与周边地区的关系。

（2）用地现状图

用地现状图标明用地边界、周边道路、现状地形等高线、道路、水体边缘线，以及有保留价值的植物、建筑物和构筑物等。

（3）现状分析图

现状分析图是针对用地现状做出的各种分析图纸。

（4）总平面图

总平面图标明用地边界、周边道路、出入口位置、设计的地形等高线、设计的植物、设计的园路铺装场地；标明保留的原有园路、植物、各类水体的边缘线、各类建筑物、各类构筑物，以及停车场位置及范围；标明用地平衡表、比例尺、指北针、图例及注释等。

（5）功能分区图或景观分区图

功能分区图或景观分区图标明用地功能或景区的划分及名称。

（6）园路设计与交通分析图

园路设计与交通分析图标明各级道路、人流集散广场和停车场的布局，分析道路功能与交通组织。

（7）竖向设计图

竖向设计图标明设计地形等高线与原地形等高线；标明主要控制点高程；标明水体的常水位、最高水位与最低水位，以及水底标高；标明地形剖面。

（8）绿化设计图

绿化设计图标明植物分区、各区的主要植物或特色植物（含乔木、灌木）；标明保留或利用的现状植物；标明乔木和灌木的平面布局。

（9）主要景点设计图

主要景点设计图包括主要景点的平面图、立面图、剖面图及效果图，以及其他必要的图。

3. 工程总匡算

工程总匡算是对园林工程造价的初步估算。它是根据总体设计所包括的建设项目、有关定额与甲方投资的控制数字，估算出所需要的费用，确定金额余缺。

工程总匡算有两种方式：一种方式是根据总体设计的内容，按总面积的大小，凭经验粗估；另一种方式是按工程项目和工程量分项概算，最后汇总。

（二）局部设计

1. 平面图设计

设计者应根据园林的不同分区，划分若干部分，根据总体设计的要求，进行局部详细设计。一般比例尺为1:500，等高线距离约为0.5米。设计者用不同等级、不同粗细的线条，画出等高线、园路、广场、建筑物、水池、湖面、驳岸、树林、草地、灌木丛、花坛、花卉、山石、雕塑等。

详细设计的平面图要标明建筑平面、标高及与周围环境的关系，如道路的宽度、形式、标高，主要广场、地坪的形式、标高，花坛、水池面积大小和标高，驳岸的形式、宽度、标高。同时，平面图要标明雕塑、园林小品的造型。

2. 横纵剖面图设计

为了更好地表达设计意图，在局部艺术布局最重要部分或局部地形变化部分，制作出断面图。一般比例尺为 1∶200 ~ 1∶500。

3. 局部种植设计图

在总体设计方案确定后，设计者在进行局部景区、景点的详细设计的同时，要进行 1∶500 的种植设计工作。一般在 1∶500 比例尺的图纸上能够较准确地反映出乔木的种植点、栽植数量，以及密林、疏林、树群、树丛、园路树、湖岸树等的位置。花坛、花境、水生植物、灌木丛、草坪等的种植设计图可以选用 1∶300 比例尺或 1∶200 比例尺。

（三）施工图设计

1. 施工设计图纸要求

在完成局部设计的基础上，才能着手进行施工设计。施工设计图纸的要求如下。

（1）图纸规范

图纸要尽量符合《建筑制图标准》的规定。图纸尺寸如下：0 号图纸 841mm×1189mm，1 号图纸 594mm×841mm，2 号图纸 420mm×594mm，3 号图纸 297mm×420mm，4 号图纸 297mm×210mm。4 号图纸不得加长，如果要加长图纸，只允许加长图纸的长边。在特殊情况下，允许加长 1 ~ 3 号图纸的长度、宽度。0 号图纸只能加长长边，加长部分的尺寸应为边长的 1/8 及其倍数。

（2）施工设计平面的坐标网及基点、基线

一般图纸均应明确画出设计项目范围，画出坐标网及基点、基线的位置，以便作为施工放线的依据。基点、基线的确定应该以地形图上的坐标线或现状图上工地的坐标据点、现状建筑屋角或墙面、构筑物或道路等为依据，必须纵横垂直。一般坐标以依图面大小每 10 米或 20 米、50 米的距离，从基点、基线向上、下、左、右延伸，形成坐标网，并标明纵横标的字母。纵横标的字母一般用英文字母 A、B、C、D……和对应的 A′、B′、C′、D′……以及阿拉伯数字 1、2、3、4……和对应的 1′、2′、3′、4′……来表示，从基点 0、0′ 坐标点开始，以确定每个方格网交点的纵横数字所确定的坐标，作为施工放线的依据。

（3）施工图纸要求内容

图纸要注明图头、图例、指北针、比例尺、标题栏，以及简要的图纸设计内容的说明。图纸上的字迹要清楚、整齐，不得潦草。图面要清晰、整洁。图线要分清粗实线、中实线、细实线、点划线、折断线等线型，并准确表达对象。图纸上的文字、阿拉伯数字最好用打印字剪贴、复印。

(4)施工放线总图

施工放线总图主要表明各设计因素之间具体的平面关系和准确位置。图纸内容要包括保留利用的建筑物、构筑物、树木、地下管线等。

全园设计内容包括地形等高线、标高点、水体、驳岸、山石、建筑物、构筑物、道路、广场、桥梁、涵洞、园灯、园椅、雕塑等。

(5)地形设计总图

平面图上应该确定制高点、山峰、台地、丘陵、缓坡、平地、微地形、坞、岛、湖、池、溪流等的具体高程，以及入水口、出水口的标高。此外，平面图上还应该确定各区的排水方向、雨水汇集点，以及各景区园林建筑、广场的具体高程。一般来说，草地最小坡度为1%，最大坡度不得超过33%，最适坡度为1.5% ~ 10%，人工剪草机修剪的草坪坡度不应大于25%。一般绿地缓坡坡度为8% ~ 12%。

地形设计平面图还应该包括地形改造过程中的填方、挖方内容。设计者应该在图纸上写出全园的挖方、填方数量，说明应进园土方或运出土方的数量，以及挖土、填土之间土方调配的运送方向和数量，一般力求全园挖、填土方取得平衡。

除了平面图，设计者还要画出剖面图。剖面图要注明山形、丘陵、坡地的轮廓线及高度、平面距离等，要注明剖面的起讫点、编号，以便与平面图配套。

2. 水系设计

除了陆地上的地形设计以外，水系设计也是十分重要的组成部分。平面图应该表明水体的平面位置、形状、大小、类型、深浅和工程设计要求。

设计者首先应完成进水口、溢水口或泄水口的大样图，然后从全园的总体设计对水系的要求出发，画出主、次湖面，堤、岛、驳岸造型，溪流、泉水、水体附属物的平面位置，以及水池循环管道的平面图。

纵剖面图要表示出水体驳岸、池底、山石、汀步、堤、岛等工程做法图。

3. 道路、广场设计

平面图要根据道路系统的总体设计，在施工总图的基础上，画出各种道路、广场、地坪、台阶、盘山道、山路、汀步、道桥等的位置，并注明每段的高程、纵坡、横坡的数字。一般园路分为主路、支路和小路三级。园路最小宽度为0.9米，主路一般为5米，支路为2 ~ 3.5米。国际康复协会规定残疾人使用的坡道最大纵坡为8.33%，因此，主路纵坡上限为8%。山地公园主路纵坡应小于12%。支路和小路的最大纵坡为15%，郊游路的最大纵坡为33.3%。综合各种坡度，《公园设计规范》规定，支路和小路纵坡宜小于18%，超过18%的纵坡宜设台阶、梯道。《公园设计规范》还规定，通行机动车的园路宽度应大于4米，转弯半径不得小于12米。一般来说，室外台阶比较舒适的高度为12厘米，宽度为30厘米，纵坡为40%。一般混凝土路面的纵坡为0.3% ~ 5%，横坡为1.5% ~ 2.5%。园石或卵石路面的纵坡为0.5% ~ 9%，横坡为3% ~ 4%。天然土路的纵坡为0.5% ~ 8%，横坡为3% ~ 4%。

除了平面图，设计者还要用1∶20的比例绘出剖面图，剖面图主要表示出各种路面、山路、台阶的宽度及其材料，以及道路的结构层(面层、垫层、基层等)厚度的做法。每个剖面都要编号，并与平面配套。

4. 园林建筑设计

园林建筑设计包括建筑的平面设计（反映建筑的平面位置、朝向，以及与周围环境的关系）、建筑底层平面设计、建筑各方向的剖面设计、屋顶平面设计、必要的大样图设计、建筑结构设计等。

5. 植物配置设计

（1）植物种植平面图

设计者应在施工总平面图的基础上画出常绿阔叶乔木、落叶阔叶乔木、落叶针叶乔木、常绿针叶乔木、落叶灌木、常绿灌木、整形绿篱、自然形绿篱、花卉、草地等的具体位置、种类、数量、种植方式、株行距。同一幅图中树冠的图示不宜变化太多，花卉、绿篱的图示也应简明统一，针叶树可以重点突出，保留的现状树与新栽的树应该加以区别。对于复层绿化，设计者应该用细线画大乔木树冠，用粗线画冠下的花卉、树丛、花台等。树冠的尺寸大小应该以成年树为标准。种名、数量可以在树冠上注明。如果图纸比例小，不容易注字，设计者可以用编号的形式，在图纸上标明编号树种的名称、数量对照表。对于成行树，设计者要注明每两株树的距离。

（2）大样图

对于重点树群、树丛、林缘、绿篱、花坛、花卉及专类园等，可附种植大样图。设计者要将群植和丛植的各种树木的位置画准，注明种类、数量，用细实线画出坐标网，注明树木间距，并绘制立面图，以便施工参考。

植物配置图一般采用 1:500、1:300、1:200 的比例尺，这根据具体情况而定。大样图可以用 1:100 的比例尺，以便准确地表示出重点景点的设计内容。

6. 假山及园林小品设计

假山及园林小品（如园林雕塑等）也是园林造景中的重要因素。设计者最好做出山石施工模型或雕塑小样，以便在施工过程中能较理想地体现设计意图。在园林设计中，设计者主要提出设计意图、高度、体量、造型构思、色彩等内容，以便与其他行业相配合。

7. 管线及电信设计

在管线规划图上，设计者应表现出给水（造景、绿化、生活、卫生、消防）、排水（雨水、污水）、暖气、煤气等，应按照市政设计部门的具体规定和要求正规出图，主要注明每段管线的长度、管径、高程与如何接头，同时注明管线及各种井的具体位置、坐标。

同样，在电气规划图上，设计者应该具体标明各种电气设备、灯具位置、变电室及电缆走向等内容。

8. 设计概算

（1）土建部分

土建部分可以按照项目估价，算出汇总价，或者按市政工程预算定额中园林附属工程定额计算。

土建工程项目包括以下内容。

①园林建筑及服务设施，如门房、动植物展览馆、园林别墅、塔、亭、榭、楼、阁、舫及

附属建筑等。

②娱乐体育设施，如娱乐场、射击场、跑马场、旱冰场、游船码头等。

③道路交通，如路、桥、广场等。

④水、电、通信，如给水管线、排水管线、电力设施、电信设施等。

⑤水景、山景工程，如积土成山、挖地成池、水体改造、音乐喷泉、水下彩色灯等。

⑥园林设施，如椅、灯、栏杆等。

⑦其他，如挡土墙、管理区改造等。

（2）绿化部分

绿化部分可以按照基本建设材料预算价格中苗木单价表及建筑安装工程预算定额的园林绿化工程定额计算。

绿化工程项目包括：营造、改造风景林；重点景区、景点绿化；观赏植物引种栽培；观赏经济林工程等。子项目有树木、花卉、草地、地被等种植工程。概算要求列表计算出每个项目的数量、单价和总价。单价由人工费用、材料费用、机械设施费用和运输费用等组成。对于规模不大的园林绿地，可以只用一种概算表（表 1-3-1）。

表 1-3-1　工程概算表

工程项目	数量	单位	单价	合计	备注

对于规模较大的园林绿地，概算可以用工程概算表（表 1-3-1）和苗木概算表（表 1-3-2）两种表格。

表 1-3-2　苗木概算表

品种	规格	苗源	数量	单价	合计	备注

在表 1-3-2 中，品种指植物种类；规格指苗木大小，落叶乔木以胸径计算，常绿树、花灌木以高度计算；苗源指苗本来源或出圃地点；单价包括苗木费、起苗费和包装费。苗木具体价格依据所在地的情况而定。

表 1-3-2 苗木概算表与表 1-3-1 工程概算表格式相同，只是工程项目中的苗木部分分两部分列出，即分别列出苗木费和施工费。苗木费直接用表 1-3-2 中计算的费用，施工费按苗木数量计算。施工费应该根据各地植树工程定额进行计算。工程概算费与苗木概算费合计起来，即为总工程造价的概算直接费。

除了上述合计费用之外，建设概算还包括间接费、不可预见费（按直接费的百分数取值）和设计费等。

总体设计完成后，建设单位报有关部门审核、批准。

三、后期服务阶段

后期服务是园林规划设计工作极其重要的环节。首先，园林规划设计者应该为甲方做好服务工作，协调相关矛盾，与施工单位、监理单位共同完成工程项目。其次，一些园林规划设计的成果在施工过程中具有较大的可变性，设计者只有经常深入现场、不断把控，才能保证项目的顺利完成。最后，由于图纸与现实总是存在实际的偏差，设计者有时在施工现场需要对原设计进行合理的调整，这样才能取得更好的效果。

（一）施工前期服务

施工前需要对施工图进行交底。甲方拿到施工设计图纸后，会联系监理方、施工方进行看图和读图。看图属于总体上的把握，读图是对具体设计节点和详图的理解。之后，甲方牵头，组织设计方、监理方、施工方召开施工图设计交底会。在交底会上，甲方、监理方、施工方提出看图后所发现的各专业方面的问题，各专业设计人员进行答疑。一般情况下，甲方的问题多涉及总体上的协调、衔接；监理方、施工方的问题多涉及设计节点、大样的具体实施。他们的侧重点不同。由于甲方、监理方、施工方是有备而来的，并且有些问题往往是施工中的关键问题，设计方在交底会前要做好充分准备，在会上要尽量结合设计图纸进行当场答复，如果在现场不能回答，回去考虑后要尽快做出答复。另外，在施工前，设计者还要对硬质工程材料样品和绿化工程中的备选植物进行确认。

（二）施工期间服务

在施工期间，设计者应定期、不定期地深入施工现场，解决施工单位提出的问题。能解决的，现场解决；无法解决的，要根据施工进度协调各专业设计人员，尽快给出设计变更图来解决。同时，设计者也应进行工地现场监督，以确保工程按图施工。设计者还应参与施工期间的阶段性工程验收工作，如基槽、隐蔽工程的验收工作。

（三）施工后期服务

施工结束后，设计者还需要参与工程竣工验收工作，以签发竣工证明书。另外，有时在工程维 护阶段，甲方要求设计者到现场勘察并提供相应的报告来叙述维护期的缺点及问题。

学习任务

任务目的

1. 掌握园林规划设计的具体程序。

2. 能够结合实例完成绿地规划设计步骤和程序的分析。

任务内容与要求

1. 收集和整理绿地规划设计资料。

2. 以小组为单位，结合某绿地的规划设计图纸（也可以是虚拟的），总结并整理园林规划设计的步骤和程序。

3. 根据以上分析完成调研报告。

任务实施

1. 每 3 至 4 人组成一个调研小组，收集并整理绿地规划设计资料。
2. 从收集到的资料中选择某种类型绿地的规划设计图纸。
3. 根据绿地规划设计图纸总结并整理园林规划设计的步骤和程序。
4. 完成相关调研报告。

模块二

居住区规划设计研究

本模块知识架构

- 庭院景观规划设计
  - 庭院的类型
  - 庭院在建筑中的作用
  - 庭院造景设计
  - 庭院设计风格
- 屋顶花园规划设计
  - 屋顶花园的类型及功能
  - 屋顶花园设计
- 居住区绿地规划设计
  - 居住区绿地概述
  - 居住区绿地设计

任务一 庭院景观规划设计

学习目标	能力目标	素质目标
1. 了解庭院的类型。 2. 掌握庭院在建筑中的作用。 3. 熟悉庭院的不同设计风格。	1. 能对庭院设计规划进行景观分析。 2. 能熟练地对庭院景观进行规划设计。	1. 具有善于观察和分析问题的能力。 2. 具有善于借鉴的能力。 3. 具有严谨的创新精神和求实态度。 4. 具有精益求精的工匠精神。

知识准备

庭院就是房屋建筑的外围院落，可以供人们欣赏、娱乐、休息，是人们生活的空间。在所有的园林景观设计中，庭院的规模最小，设计内容相对简单。因此，在分析和研究庭院设计的过程中，可以掌握园林规划设计最基本的设计思想和设计技巧。

一、庭院的类型

庭院的类型可以根据建筑物的性质和功能来划分，也可以根据庭院在建筑物中的位置来划分，还可以根据庭院的景观主题来划分。

1. 根据建筑物的性质和功能划分

根据建筑物的性质和功能来划分，庭院可以分为住宅庭院和公共建筑庭院。其中，住宅庭院可以分为私人庭院和集体住宅庭院。

2. 根据庭院在建筑中的位置划分

根据在建筑物中的位置来划分，庭院可以分为前庭、中庭、后庭、侧庭、小院。前庭多位于主体建筑前面，是建筑与道路之间的人流缓冲地带，常采用绿化场地的形状。中庭为多院落庭院之主庭，供人们起居休息、游玩观赏和调节室内环境之用，通常被作为庭院主景来处理。后庭多位于建筑空间后部。侧庭位于建筑的东西侧面，多属书斋院落或幽静场所，以清净简朴为宜。小院属庭院小品，一般起到组景的作用和陪衬、点缀建筑空间的作用。

3. 根据庭院的景观主题划分

根据景观主题来划分，庭院可以分为山庭、水庭、水石庭、平庭。山庭是依一定的山势以山景为主题的庭院。水庭是以水为主题的庭院。水石庭是以水石为主题的庭院。平庭是在平坦地面上所建的庭院。

二、庭院在建筑中的作用

庭院的营造逐渐成为未来园林行业发展的主流方向之一。庭院的营造不仅能够美化生活，还能够提高生活品质。

（一）保护环境，促进健康

1. 城市的肺脏

我国城市人口比较集中，随着工业与交通的发展，废水、废气、烟尘和噪声不仅影响环境质量，而且直接损害人们的身心健康。庭院中的绿色植物不仅可以维持空气中氧气和二氧化碳的平衡，而且可以使环境得到多方面的改善。

2. 绿色的过滤器

随着城市建设的快速发展，粉尘、二氧化碳、氟化氢、氯气等有害物质成为城市的主要污染物，特别是粉尘，不仅传染病菌，而且会随着人们的呼吸进入人体内，使人们产生肺炎等疾病。在庭院中种植绿色植物，可以阻挡尘土飞扬，从而减少疾病的来源。

3. 绿色的消声器

城市环境的噪声超过 70 分贝时，就会使人产生头晕、头痛、神经衰弱、消化不良、高血压等病症。而绿色树木对声波有散射、吸收的作用。例如，高 6 ~ 7 米的绿带能平均降低噪声 10 ~ 13 分贝，减少噪声污染。

4. 绿色的杀菌器

某些植物具有一定的净化空气的功能。例如，桦木、桉树、梧桐、冷杉、毛白杨、臭椿、核桃、白蜡等都有很好的杀菌作用。柏树分泌出的杀菌素能够杀死白喉、肺结核、伤寒、痢疾等病菌。在庭院内根据周边环境的需要种植相应的树木，可以形成一道绿色屏障。

5. 变频中央空调

庭院中的绿色植物不仅能阻挡阳光直射，还能通过它本身的蒸腾作用和光合作用消耗许多热量。据测定，在夏季，绿色植物能吸收60% ~ 80% 的日光能和90% 的辐射能，使气温降低3℃左右；草坪表面温度比地面温度低 6℃ ~ 7℃，比柏油路面低 8℃ ~ 20℃；有垂直绿化的墙面和没有绿化的墙面相比，其温度低 5℃左右。而在冬季，庭院中的绿色树木可以阻挡寒风袭击和延缓散热。

6. 减少光污染

庭院中的绿色植物还能吸收强光中的紫外线，减少反光，减少对眼球的刺激。在绿树林荫中生活，更有益于视觉健康，减少视觉污染。

（二）美化环境，陶冶情操

庭院绿化必须注意创造美的境界。不论是花草、树木的配置，还是与建筑环境的配合，都要讲究比例、尺寸的恰当，以及色彩的调和与变化。空间的组合与景色的变化要有诗情画意。庭院要形成优美的休息环境。有生命的植物存在盛衰荣枯的生命节律，随着季节的变化和气候的变化，植物的外形、色彩、质地等特征不断发生变化，庭院空间也呈现出不同的景象和意境。这能给人们带来心理和生理的愉悦和享受，陶冶人们的思想和情操。

三、庭院造景设计

庭院造景不同于公园和花园，多处于建筑限定的空间之中，视野范围小，背景条件差，大部分是一些小型人工景象。因此，设计者应该注意空间的比例尺度，以及各处的观赏角度和距离。同时，庭院造景要满足不同庭院的功能要求，如聚散、休息、户外活动等。一般来说，小庭院宜聚，大庭院宜分，这样可以增加景深和层次感，达到个性突出、小中见大的效果。

（一）主景设计

在主题和内容确定之后，首先要考虑主景的表现形式和主景的位置。一般来说，主景要放在庭院空间的视线焦点处，即构图的重心处。例如，广州某宾馆的主景“故乡水”，取材于“美不美，乡中水；亲不亲，故乡人”，此景牵动了无数游子的思乡之情，其位置设在中庭长轴中上部的侧面（见图 2-1-1）。

图 2-1-1　广州某宾馆主景“故乡水”

（二）配景设计

为了渲染和衬托主景，我们可以利用一些小的景物（如灯柱、花草、树木等）创造一些前景和背景，以增加景深、层次感和焦点效果。

（三）庭院组景

设计者应该在满足基本要求的前提下，根据空间的大小、层次、尺度、景物品类、地面状况和建筑造型等进行庭院组景，使庭小不觉局促、园大不感空旷，使庭院览之有物，使人游无倦意，使各种庭景意境深远、耐人寻味。庭院组景一般采用以下几种处理手法。

1. 围闭与隔断

第一，用建筑物围闭。

用建筑物围闭是指采用四面或三面建筑物、一面墙廊的方式，形成封闭的空间，如北方的四合院民居、杭州的玉泉观鱼池等。此类空间常有“天井”的闭锁效果。

第二，用墙垣和建筑物围闭。

一面或两面是建筑物，其余由墙垣围成。此类庭院的组景常常运用以下三种手法。

以屋檐、梁柱、栏杆或较开敞的大片玻璃窗等作为景框，把庭景收在视域范围里的一定幅面上，形成庭景的主要观赏面。

在院墙内的地面上设置相应的景物，如景石、水池、花坛、雕塑、园灯等，作为庭景的中心主题。

通过景窗、景门、敞廊等，将墙外的自然景色（如树梢、远山、天空等）引入墙内，借以丰富庭院空间的层次感，增添庭景的自然气氛。

第三，以山石环境和建筑物围闭。

第四，沿墙构廊、高低起伏、曲折空灵，是传统的“化实为虚”的手法。一些倚山的侧庭或后庭往往利用山石或土堆作为庭院景物，起到围闭空间的作用。此种处理手法多用于山庄、别墅等具有自然野趣的庭院的组景。

2. 渗透与延伸

为了满足人们的观赏要求，庭院组景往往冲破相对固定的空间局限性，在不增加体量的前提下，向相邻空间联络、渗透、扩散和延展，从而获得小中见大、扩大视野、增加层次感的效果。其手法主要有以下四种：①利用空廊分隔和延伸；②利用景窗互为渗透；③利用门洞互为引申；④利用树丛、花木互为联系。

3. 利用影射

影，主要指水面的倒影，它可以借地面上景物之美来增添水景之情趣，同时也可以为庭院景色提供垂直空间的特有层次感。例如，广州某宾馆内庭不但使水面构成带有岭南传统气息的船厅格局，而且巧妙地利用高楼倒影，在水景中呈现新建筑庭院空间竖向的层次，恰到好处地衬托出现代质感。

射，指的是镜面反射。在我国古典庭院中，有的用巨幅壁镜把镜前的庭景反映在镜面上，以达到间接借景、虚拟扩大空间和丰富庭院水平空间层次感的目的，这种手法的确匠心独运。现代庭院也采用这种处理手法，如深圳某宾馆庭院在虚设的小院门中装置镜面，把“门”前的庭景影射于门镜中，犹如“门”后出现的景致，效果逼真。

4. 巧用对比

除了与人的观赏条件（如视点、视距等）有关以外，景物本身的对比也可以影响景物的实际观赏效果。因此，庭院组景常常采用对比手法，把两种或多种具有显著差异的景物安排在一起，使它们相互烘托，达到变化多趣的效果。我国古典庭院在布局上常用“抑”“扬”“藏”“露”

的对比手法，同时，还利用空间的大小、形状、明暗、方向、开合，以及景物的色泽、粗细、繁简、虚实等的对比，构建千变万化的庭院景物空间，从而使庭院各景相得益彰。

5. 设置珍品

珍品的设置可以使庭院身价百倍。因为各类珍品不论是古木、奇花、名泉、怪石，还是文物古迹，均具有潜在的观赏魅力。例如，北京紫竹院公园南门庭、上海豫园香雪堂庭都是因设置了珍品而使园景效果提高的实例。

总之，庭院组景不在于景物数量的多少，而贵在精于取材、善于运用、巧于因借。

四、庭院设计风格

（一）中式古典风格

中式古典风格庭院以木材为主要材料，注重独特的木结构或穿斗式结构，讲究构架制的原则，采用规格化的建筑构件，重视横向布局，利用装修构件分隔空间，善于运用小品，如彩画、雕刻、书法、盆景、家具、陈设品等，来营造意境。

此外，为了体现中式古典风格庭院的含蓄气质，蝙蝠、鹿、鱼、鹊、梅是较常见的装饰图案。花木种植以单株种植为主，也有自由茂盛的群植。见图 2-1-2。

图 2-1-2　中式古典风格庭院

（二）欧式古典风格

欧式古典风格庭院主要以整齐的灌木和纪念喷泉为特色，并拥有足够的空间来布置一些装饰物，如日晷、神龛、供小鸟戏水的柱盆、花草容器等。树木多为观叶类、灌木类的树木。欧式古典风格庭院注重构筑物的设计，圆柱、雕像、凉亭、观景楼、方尖塔和装饰墙比较常见。见图 2-1-3。

图 2-1-3 欧式古典风格庭院

（三）日式风格

日式风格庭院受中国文化的影响很深，体现了独特的自然式风格。日式风格庭院最精彩的地方在于对细节的处理。日式风格庭院常在入口处种植一些苔藓植物，常应用石灯笼，给人带来暖意。庭院中如果已经有了仙人掌和盆景树，还可以增加一些沙景、禅宗石。见图 2-1-4。

图 2-1-4 日式风格庭院

（四）东南亚风格

东南亚风格庭院广泛地运用木材和其他天然材料，如水草、海藻、木皮、麻绳、椰子壳等，带有热带丛林的味道，在色泽上保持自然材质的原色调，在视觉上给人一种泥土般的质朴气息。

东南亚风格庭院一般采用统一的中性色系。庭院饰品多运用实木、竹、藤、麻等材料来打造。这些材料会使庭院显得自然古朴。绿化植物多选用热带雨林中的阔叶树种。

（五）地中海风格

地中海风格庭院的基本特征是明亮、大胆、简单、色彩丰富。地中海风格庭院建筑采用拱门、半拱门与马蹄状门窗。在色彩方面，地中海风格庭院运用蓝色与白色进行搭配，或者运用黄色、蓝紫色与绿色进行搭配，或者运用土黄色与红褐色进行搭配。庭院家具多为低纯度、线条简单且修边浑圆的木质产品。地面则多铺赤陶地砖或具有天然石材色泽的仿古砖。见图 2-1-5。

图 2-1-5　地中海风格庭院

马赛克镶嵌、拼贴在地中海风格庭院中算是较为华丽的装饰，主要利用小石子、瓷砖、贝类、玻璃片、玻璃珠等素材进行创意组合。独特的铁艺围栏也是地中海风格庭院的代表物件。同时，地中海风格庭院多选用爬藤类植物和小巧可爱的绿色盆栽进行绿化。

（六）美式田园风格

美式田园风格庭院追求田野和园圃特有的自然特征，表现出一定程度的乡间艺术特色，能够烘托出自然闲适的气氛。美式田园风格庭院倡导回归自然，力求表现悠闲、舒畅、自然的田园生活情趣，常运用天然木、石、藤、竹等材料。

美式田园风格庭院有务实、规范、成熟的特点，在材料上多倾向于选择坚硬、光洁、华丽的材质。美式田园风格庭院一般具有较大的面积，常选用防腐木铺设道路，并在道路周围撒些石子。

（七）现代风格

现代风格庭院体现的是一种简约之美，其色彩对比强烈。其构图灵活简单，主要是简单的长方形、圆形和锥形，既美观大方，又不乏实用性。地面铺设常用天然石材、鹅卵石、木板、混凝土等。另外，现代风格庭院还会选用玻璃与钢丝等工业感较强的材料。

设计者一定要把握好庭院的设计风格，不宜在同一个庭院中搭配多种设计风格，尤其是不要在一个大的空间里混搭各种风格的元素。庭院风格要明确、典型。

三 学习任务

任务目的

1. 掌握庭院设计的内容和方法。
2. 能够灵活运用各景观元素的配置原则进行庭院景观设计。
3. 能够规范绘制庭院景观的平面图、立面图、效果图。
4. 能够编写庭院景观设计说明书和植物名录。

任务内容与要求

1. 图 2-1-6 为某别墅现状图，以小组为单位，对该别墅私家庭院进行景观设计。

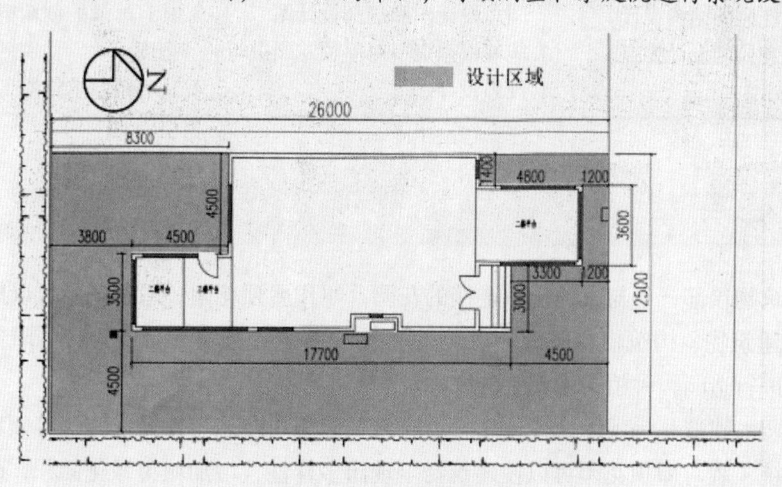

图 2-1-6　某别墅现状图

2. 除了满足美化居住环境、具有观赏功能的需求以外，还要能够发挥休闲、娱乐、建设等功能。

3. 完成庭院景观规划设计，绘制总平面图、局部设计图，编制设计说明书和植物名录。

任务实施

1. 进行现场调查，包括基地现状调查、环境条件调查和设计条件调查。

2. 编制庭院景观设计任务书，包括项目背景、规划设计范围、项目组织、规划设计的主要内容及规划设计成果。

3. 绘制庭院景观总体规划设计总平面图，总平面图中应包括功能分区、园路、植物种植、硬质铺装、比例尺、指北针、图例、尺寸标注、文字标注等。

4. 绘制庭院景观局部设计图，包括剖立面图、局部节点详图、效果图。

5. 编制设计说明书，设计说明书中应包括现状条件分析、规划原则、总体构思、总体布局、空间组织、景观特色要求、竖向规划、主要经济技术指标。

6. 编制植物名录，植物名录中应包括使用或涉及的植物的图例、名称、规格、数量等。

任务二　屋顶花园规划设计

学习目标	能力目标	素质目标
1. 熟悉屋顶花园的类型及功能。 2. 掌握屋顶花园的设计原则。 3. 了解屋顶花园的布局形式。 4. 掌握屋顶花园的结构设计。 5. 了解屋顶花园的设计要点。	1. 能够运用造景手法和艺术法则合理安排屋顶花园各要素。 2. 能够按照绘图规范绘制屋顶花园总设计图和局部设计图。 3. 能够根据资料对屋顶花园进行规划设计。	1. 具有善于观察和分析问题的能力。 2. 具有善于借鉴的能力。 3. 具有严谨的创新精神和求实态度。 4. 具有精益求精的工匠精神。

知识准备

位于建筑物顶部，不与大地土壤连接的花园，叫作屋顶花园。屋顶花园可以广泛地理解为在各类古今建筑物、构筑物、城围、桥梁（立交桥）等的屋顶、露台、天台、阳台或大型人工假山山体上进行造园，种植树木花卉的统称。

屋顶花园的建造是一项综合性的工程，它涉及园林、园艺、环保、建筑等领域，也是一项生态节能系统工程。屋顶花园可以使建筑物呈现出多样性，增加城市绿化面积，改善人们的生存环境，使人们的生活丰富多彩，有效地提高人们的生活质量，体现人与大自然的和谐共处。

一、屋顶花园的类型及功能

（一）屋顶花园的类型

1. 公共游憩型屋顶花园

公共游憩型屋顶花园一般设置在繁华的都市中心地带的大型商业区或办公区的屋顶。除了可以缓解土地资源紧张、弥补地表绿化量不足以外，公共游憩型屋顶花园还能够给人带来不同的体验。公共游憩型屋顶花园一般设有各类休闲娱乐场所，如旋转饭店、酒吧、茶社、健身馆、游泳池等。有些商业住宅的屋顶也会设计屋顶花园，提供一些休闲、游乐的场所。（见图 2-2-1）

图 2-2-1　公共游憩型屋顶花园

2. 生态型屋顶花园

生态型屋顶花园常在屋面上覆盖绿色植被，并配备给水、排水设施，使屋面具备隔热保温、净化空气、阻止噪声、吸收灰尘、增加氧气的功能，从而提高人们的生活质量。生态型屋顶花园不但能有效地增加绿地面积，而且能有效地维持自然生态平衡，减轻城市热岛效应的影响。绿色环保的理念已深入人心，崇尚自然已成为潮流。让灰白色的屋顶从“沙漠”变成“绿洲”，不仅能够提升小区景观的品位，还能够满足多样化的景观需求。

3. 家庭式屋顶花园

随着社会经济的快速发展和人们居住条件的不断改善，以及多层式、阶梯式住宅公寓的出现，家庭式屋顶花园走入更多的家庭。家庭式屋顶花园面积较小，主要侧重植物配置。园林小品一般轻便简洁，多为休憩性家具，如舒适的座椅。家庭式屋顶花园可以充分利用有限的空间进行垂直绿化，还可以进行一些趣味性种植。（见图 2-2-2）

图 2-2-2 家庭式屋顶花园

（二）屋顶花园的功能

1. 绿化功能

随着生活水平的提高，人们对居住环境提出了更高的要求，需要更多的绿地。这使得建筑用地与园林用地的矛盾越来越突出。屋顶花园可以补偿建筑物的占地面积，减缓人均绿地面积下降的趋势，可以满足城市绿化的要求。屋顶花园是城市绿色空间的重要组成部分。对于我国绿化覆盖率较低、人口密度较大的城市来说，屋顶花园建设具有重要意义。

2. 美化功能

当大范围推行屋顶花园之后，城市上层空间不再是单调的水泥屋面，而是充满了丰富多彩的颜色。低层建筑屋顶花园和高层建筑屋顶花园形成一种层次对比，这满足了高层建筑内人们的心理需求，丰富了城市的空间层次感，改变了那种呆板的、毫无生机的空间印象，形成了多层次的空中美景。因此，屋顶花园不仅能够很好地调节人们的心理，改变人们的精神面貌，还能够调节人们的神经系统，使人们的紧张感、疲劳感得到缓解和消除，推动社会进步与发展。

3. 隔热及保温功能

屋顶温度因屋顶的结构、造型、色彩、材料等不同而存在差异。在夏季，屋顶温度一般最高，可以达到 80℃，在冬季，最低温度可以达到零下 20℃，全年温差可达 100 ℃左右。而绿化后的屋顶可以降低温度变化的幅度，全年温差可以控制在 30℃左右。这是因为绿色植物有效地阻挡了光线对屋顶的直射，蒸腾作用则带走了大量的热，土层也起到了隔热的作用。而在冬季，绿化的屋顶又像一个“保温罩”，保护着建筑物。

二、屋顶花园设计

在进行屋顶花园设计时，必须遵循一定的原则。

（一）屋顶花园设计原则

1. 安全性原则

屋顶花园是把地面的绿地搬到建筑的顶部，并且屋顶花园距地面有一定的高度，因此我们必须注意其安全指标，这种“安全”来自两个方面。

第一，屋顶承重安全。在建造屋顶花园之前，必须全面调查建筑的相关指标，查阅技术资料，根据屋顶的承重量，准确核算各项施工材料的重量和容纳游人的数量。

第二，屋顶防护安全。屋顶花园应设置独立的出入口和安全通道，在必要时应设置专门的疏散楼梯。为了防止高空物体坠落和保证游人安全，还应在屋顶周边设置防护围栏，同时要注意设施的牢固性和安全性。

2. 实用性原则

建造屋顶花园的目的就是要在有限的空间内进行绿化，增加城市绿地面积，改善城市的生态环境，同时，为人们提供良好的生活场所、工作场所和优美的环境。但是不同单位的营造目的是不同的。对于宾馆饭店来说，其目的主要是为宾客提供优雅的休息场所；对于小区来说，其目的是从居民生活与休息来考虑的；对于科研单位来说，其最终目的以科研、试验为主。因此，不同性质的屋顶花园应有不同的设计内容，包括园内植物、建筑、相应的服务设施。但是不管什么性质的屋顶花园，都应把绿化放在首位，因为屋顶花园面积很小，如果绿化覆盖率很低，就达不到真正的目的。一般来说，屋顶花园的绿化覆盖率最好在60%以上，只有这样，才能真正发挥绿化的生态效应。屋顶花园的植物种类不一定很多，但屋顶花园必须有相应的面积指标作为保证，缺少足够绿色植物的屋顶花园不能称为真正意义上的屋顶花园。

3. 精美性原则

屋顶花园面积较小，只有精心设计，才能取得较为理想的艺术效果。屋顶花园的设计必须以“精”为主，以美为标准。其景物的设计、植物的选择均应以“精美”为主。设计者要仔细推敲各种小品的尺度和位置，同时还要注意使小尺度的小品与体形巨大的建筑取得协调。另外，一般的建筑在色彩上相对单一，因此设计者在屋顶花园的设计中还要注意用丰富的植物色彩来淡化这种单一，突出其特色，在植物方面要以绿色为主，适当增加色彩明快的花卉品种。这样通过对比，突出屋顶花园的景观效果。

（二）屋顶花园布局形式

1. 自然式

在屋顶花园规划中，自然式布局占有很大的比例。这种形式的花园布局要体现自然美，植物种植采用乔木、灌木、草本植物混合的方式，这样可以创造出有强烈层次感的立面效果。另外，利用乔木、灌木和草本植物对土层厚度需求的不同可以创造出一定的微地形变化的效果。如果能够与道路系统很好地结合在一起，还可以体现出“自由”“变化”“曲折”的中国园林特色。

2. 规则式

由于屋顶的形状多为几何形，且面积相对较小，为了使布局形式与场地取得协调，屋顶花园通常采用规则式布局形式。种植池多为几何形，以长方形、正方形、正六边形、圆形等为主，有时也做出适当变换。

（1）周边规则式

在屋顶花园中，植物主要种植在周边，形成绿色边框。这种种植形式给人带来一种整齐美。

（2）分散规则式

几个规则式种植池分散地布置于屋顶花园中，种植池内的植物可以为草本植物、灌木或草本植物与乔木的组合。这种种植方式可以使屋顶花园形成一种类似花坛式的块状绿地（见图 2-2-3）。

图 2-2-3　分散规则式

（3）模纹图案式

这种形式的屋顶花园一般成片栽植植物，具有较大的绿地面积，并在绿地内布置一些具有一定意义的图案，创造一种整齐美丽的景观。如果在低层的屋顶花园中布置一些图案，其观赏效果更佳。

（4）苗圃式

这种布置方式主要见于我国南方的一些城市。人们常用盆来栽植果树、花卉等，并将它们按行列式的形式摆放于屋顶。一般来说，这种屋顶摆放花盆的密度较大。

3. 混合式

混合式屋顶花园具有自然式屋顶花园和规则式屋顶花园的特色。其主要特点是植物采用自然式种植方式，而种植池的形状是规则的。混合式属于最常见的屋顶花园布局形式。

（三）屋顶花园结构

1. 植物层

植物层通过移栽、铺设植生带和播种等方式种植各种植物，包括小型乔木、灌木、草坪、地被植物、攀缘植物等。屋顶绿化植物种植方法见图 2-2-4。

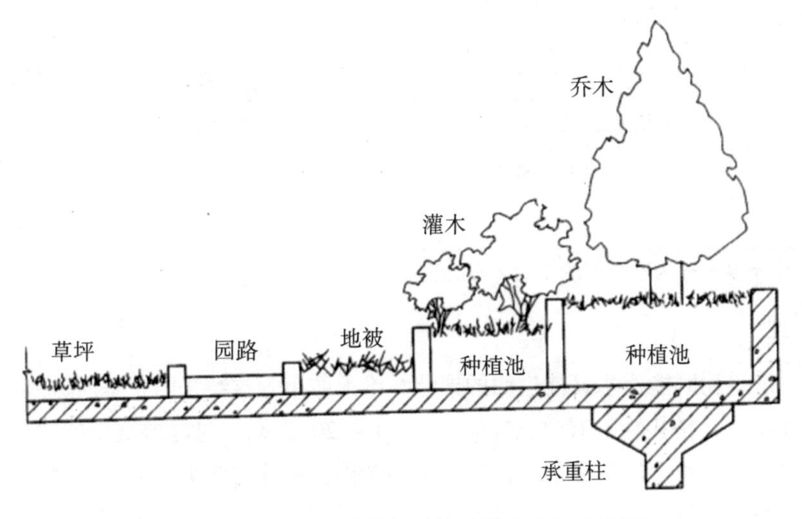

图 2-2-4　屋顶绿化植物种植池处理方法示意图

2. 基质层

基质层是指满足植物生长需求，具有一定的渗透性能、蓄水能力和空间稳定性的轻质材料层。基质主要包括改良土和超轻量基质两种类型。改良土由田园土、排水材料、轻质骨料和肥料混合而成。超轻量基质由表面覆盖层、栽植育成层和排水保水层三部分组成。屋顶花园的种植设计以突出生态效益和景观效益为原则。设计者应根据不同植物对基质厚度的要求，通过适当的微地形处理或植物栽植进行绿化。屋顶绿化植物基质厚度要求见表 2-2-1。

表 2-2-1　屋顶绿化植物基质厚度要求

植物类型	植物高度（m）	基质厚度（cm）
小型乔木	H=2.0 ~ 2.5	≥ 60
大灌木	H=1.5 ~ 2.0	50 ~ 60
小灌木	H=1.0 ~ 1.5	30 ~ 50
草本、地被植物	H=0.2 ~ 1.0	10 ~ 30

屋顶绿化基质荷重应根据湿密度进行核算，不应超过 1 300 kg/m^3。常用的基质类型和配制比例见表 2-2-2。设计者可以在建筑荷载和基质荷重允许的范围内，根据实际酌情进行配比。

表 2-2-2　常用基质类型和配制比例参考

基质类型	主要配比材料	配制比例	湿密度（kg/m^3）
改良土	田园土，轻质骨料	1:1	1 200
	腐叶土，蛭石，沙土	7:2:1	780 ~ 1 000
	田园土，草炭，蛭石和肥	4:3:1	1 100 ~ 1 300
	田园土，草炭，松针土，珍珠岩	1:1:1:1	780 ~ 1 100
	田园土，草炭，松针土	3:4:3	780 ~ 950

续表

基质类型	主要配比材料	配制比例	湿密度（kg/m^3）
改良土	轻砂壤土，腐殖土，珍珠岩，蛭石	2.5∶5∶2∶0.5	1 100
	轻砂壤土，腐殖土，蛭石	5∶3∶2	1 100 ~ 1 300
超轻量基质	无机介质	—	450 ~ 650

注：基质湿密度一般为干密度的 1.2 ~ 1.5 倍。

3. 过滤层

过滤层一般采用既能透水又能过滤的聚酯纤维无纺布等材料来阻止基质进入排水层。过滤层铺设在基质层下，搭接缝的有效宽度应达到 10 ~ 20 厘米。过滤层选用的材料应既能透水，又能过滤，同时还应符合经久耐用、造价低廉的条件。过滤层常见的使用材料有稻草、玻璃纤维布、粗沙、细炉渣等。

4. 排（蓄）水层

排（蓄）水层一般包括排（蓄）水板、陶砾（荷载允许时使用）和排水管（屋顶排水坡度较大时使用）等，用于改善基质的通气状况，迅速排出多余水分，有效地缓解瞬时压力，并可以蓄存少量水分。

排（蓄）水层铺设在过滤层下，应向建筑侧墙面延伸至基质表层下方 5 厘米处。铺设方法见图 2-2-5。

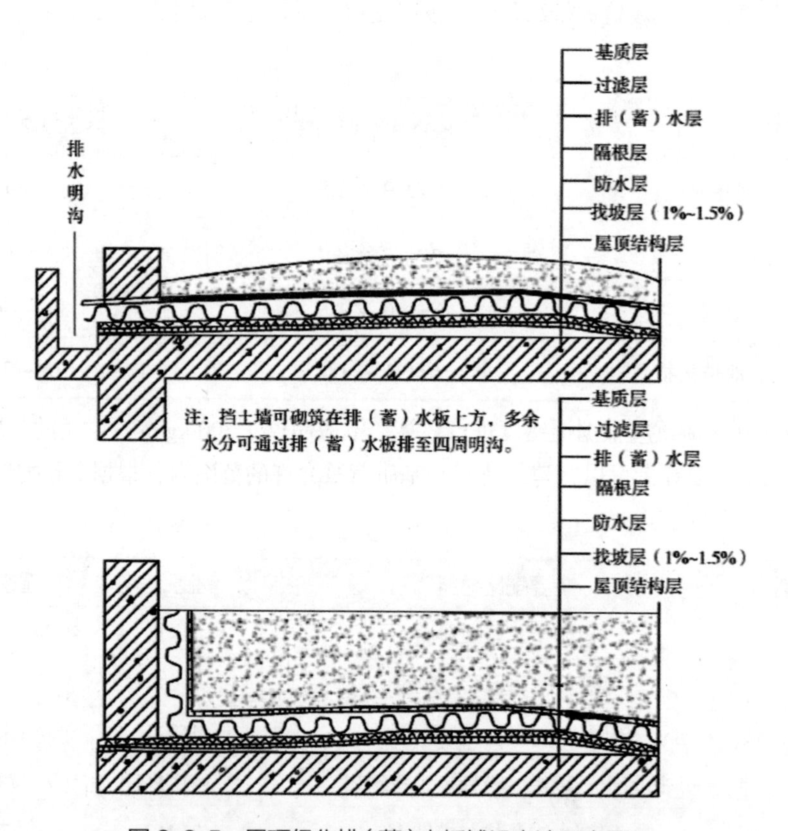

图 2-2-5　屋顶绿化排（蓄）水板铺设方法示意图

在施工时，应该根据排水口设置排水观察井，并定期检查屋顶排水系统的通畅情况，及时清理枯枝落叶，防止排水口堵塞造成壅水倒流。

排（蓄）水层选用的材料应该具备通气、排水、储水和质量轻等特点，同时骨料间应有较大孔隙，自重较轻。下面介绍几种可选用的材料，以供参考。

陶料：容重小，颗粒大小均匀，骨料间孔隙度大，通气、吸水性强，使用厚度为200 ~ 250毫米。

焦砟：容重较小，造价低，但必须经过筛选，使用厚度为100 ~ 200毫米，吸水性较强，我国南方一些屋顶花园用焦砟作为排水层材料。

砾石：容重较大，排水通气性较好，但吸水性很差。这种材料只能用在具有很大负荷量的建筑屋顶上。

5. 防水层

屋顶绿化防水做法应该符合设计要求，达到二级建筑防水标准。在绿化施工前应该进行防水检测并及时补漏，必要时做二次防水处理。防水层宜优先选择耐植物根系穿刺的防水材料。铺设防水材料应该向建筑侧墙面延伸。

（四）屋顶花园设计要点

1. 屋顶水体设计

屋顶花园中比较常见的水体形式为水池，水池多以静态形式呈现。设计者也可以根据场地高差做小型跌水设计。在设计屋顶花园的水体时，设计者要注意场地的长宽比关系和面积大小。如果场地呈矩形，那么水体的总体轮廓应尽量符合场地的长宽比关系，呈条带状。

在屋顶花园中设置水池时，设计者应根据屋顶面积和荷载要求，确定水池的大小和深度。屋顶花园的水池多是浅水池，水深一般为30 ~ 50厘米。屋顶花园水池的进水、排水、溢流、循环水等工程和地面花园水池基本相同。屋顶花园的水池建在结构板面、防水层和保护层的上面，一般为钢筋混凝土结构，也可采用玻璃钢等材料以减轻重量。因为水池一般建在平屋顶上，所以池壁与屋顶平面形成一定的高差。为了使水池和周围环境自然结合起来，可在池边盖架空板或填上轻质混凝土以平池岸，展现水景效果，也可以结合池壁进行绿化或安置座椅。水池的荷重可根据水池面积和池壁的重量、高度进行核算，池壁重量可根据使用材料的密度计算。屋顶花园的空间有限，因此水景的设计多采取以小见大的手法，用缩微景观的形式体现生动性与灵动性。

2. 屋顶建筑小品设计

屋顶建筑小品可根据屋顶花园的位置、大小、属性等条件进行规划设计。若场地有限或在私人屋顶花园中，可多设置亭、伞、座椅等遮阳休息设施；若场地较大、功能分区多样，可增加更丰富的设施，可塑造富有寓意的造型。

屋顶建筑小品设计要与周围环境和建筑物本身的风格相协调，适当控制尺度。屋顶花园的小品构筑物形式以亭为主。设计者在选择材料时应该以质轻、牢固、安全为原则，并注意选择好建筑承重位置。设计者应该在建筑结构设计时统一考虑与屋顶楼板的衔接和防水处理。

3. 地面铺装

屋顶花园中的园路不像居住区、公园中的园路那样完善，屋顶花园中的园路宽度有限，且与场地铺装相结合或相交叉，有时园路的表现形式为汀步或步道板。如果场地空间有限，园路铺装应该以方便可达为主要原则。公共性的屋顶花园应根据具体造景要求进行设计。此外，屋顶花园地面铺装还要注意以下几点。

第一，铺装形式应该简洁大方，与建筑风格、周围环境相协调。

第二，材料选择以轻型、生态、环保、防滑为宜。

第三，要考虑既多样又统一的造景法则。

4. 植物种植设计

屋顶花园的夏季温度高、保湿能力差，冬季温度低、风大、沙尘多，这就决定了要选择耐干旱、耐低温、主根短、须根发达丰满、耐瘠薄、抗风力强的植物。设计者既要利用本土植物进行种植设计，进行合理配置，多考虑耐阴树种，使得一年四季都有景可观，又要充分考虑植物的生物学特性，选择易成活、耐修剪、易管理、便于养护的植物种类。

浅土层屋顶花园一般以草坪为主，间有色带。花灌木和乔木根系较深，而屋顶上风力大、土层薄，花灌木和乔木容易被风吹倒，因此浅土层屋顶花园很少配植花灌木和大乔木。屋顶花园一般选用比较低矮、根系较浅的植物。深土层屋顶花园可适当配植花灌木和乔木。

在配植植物时，设计者要充分考虑后期效果和根系对铺设材料的影响。花灌木、乔木尽量种植在承重墙或承重柱上。在选择植物时，设计者一定要以上述要求为依据，选择合适的植物。植物配植不可过繁，要达到简洁明了的目的。

三 学习任务

任务目的

1. 掌握屋顶花园设计的内容和方法。
2. 能够灵活运用各景观元素配置原则进行屋顶花园规划设计。
3. 能够规范绘制屋顶花园的平面图、立面图、效果图。
4. 能够编写屋顶花园设计说明书和植物名录。

任务内容与要求

1. 设计范围如图 2-2-6 所示，该地块位于某别墅小区屋顶，门窗位置、尺度明确，其他无特殊要求。

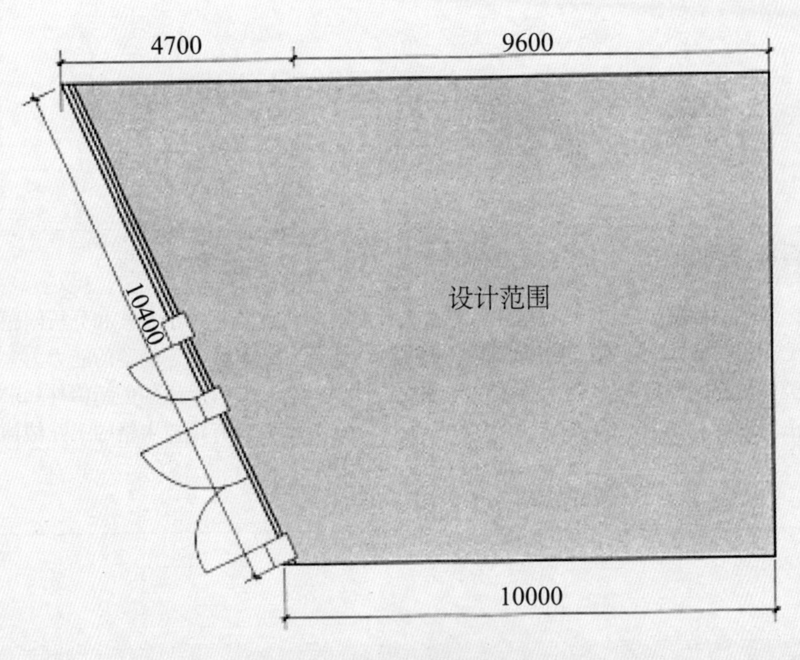

图 2-2-6　屋顶花园现状图

2. 造景要素和景观品质要与别墅小区的风格、定位相符合。

3. 根据景观设计方案合理安排造景要素。要求尽量融入景观要素，给人们提供休闲、交流的场地和设施，体现出一定的造景方法，注意科学性、安全性。

4. 完成屋顶花园规划设计，绘制总平面图、局部设计图，编制设计说明书和植物名录。

任务实施

1. 进行现场调查，包括基地现状调查、环境条件调查和设计条件调查。

2. 编制屋顶花园设计任务书，设计任务书中应包括项目背景、规划设计范围、项目组织、规划设计的主要内容及规划设计成果。

3. 绘制屋顶花园总体规划设计总平面图，总平面图中应包括功能分区、园路、植物种植、硬质铺装、比例尺、指北针、图例、尺寸标注、文字标注等。

4. 绘制屋顶花园局部设计图，局部设计图中应包括剖面图、立面图、局部节点详图、效果图。

5. 编制设计说明书，设计说明书中应包括现状条件分析、规划原则、总体构思、总体布局、空间组织、景观特色要求、竖向规划、主要经济技术指标等。

6. 编制植物名录，植物名录中应包括使用或涉及的植物的图例、名称、规格、数量等。

任务三 居住区绿地规划设计

学习目标	能力目标	素质目标
1. 了解居住区绿地的组成。 2. 掌握居住区绿地规划的原则。 3. 掌握不同类型居住区绿地的设计方法与内容。	1. 具有居住区绿地设计能力。 2. 能结合实际，根据具体任务，进行居住区绿地的设计和创造。 3. 能进行居住区绿地设计程序的编制，并绘制设计图纸。	1. 具有善于观察和分析问题的能力。 2. 具有善于借鉴的能力。 3. 具有严谨的创新精神和求实态度。 4. 具有精益求精的工匠精神。

知识准备

一、居住区绿地概述

（一）居住区绿地的组成

按照功能、性质和大小来划分，居住区绿地可以划分为公共绿地、宅旁绿地、专用绿地和道路绿地。

1. 公共绿地

公共绿地包括居住区公园（居住区级）、小游园（小区级）、组团绿地（组团级），以及儿童游戏场和其他块状、带状绿地等。居住区公共绿地至少有一边与相应级别的道路相邻。居住区公共绿地应满足有不少于 1/3 的绿地面积在标准日照阴影范围之外的要求。块状、带状公共绿地同时应满足宽度不小于 8 米、面积不小于 400 平方米的要求。居住区公共绿地为居民提供了户外生活空间，满足各种游憩活动的需要，包括运动、健身锻炼、散步、休息、游览、文化娱乐和儿童游戏等。另外，公共绿地可以利用各种园林要素创造美好的户外环境。

2. 宅旁绿地

宅旁绿地也称宅间绿地，多指在行列式建筑前后两排住宅之间的绿地。其大小和宽度取决于小区内的楼间距。宅旁绿地一般包括住宅楼前后及其周围的绿地，主要满足居民日常的休息、观赏、生活等需要。宅旁绿地是居住区绿地中总面积最大、分布最广、最接近居民、使用频率最高的一种绿地类型。

3. 专用绿地

专用绿地是指居住区内一些带有院落或场地的公共建筑、公共设施的绿地，如俱乐部、影剧院、少年宫、医院、中小学、幼儿园等的绿化用地。虽然这些机构的绿地由本单位使用、管理，但是其绿化是居住区绿化的重要组成部分。其绿化应该结合周围环境的要求进行考虑。

4. 道路绿地

道路绿地是指居住区各级道路两旁为满足遮阴防晒、保护路面、美化街景等需要而设置的绿地。道路绿地要根据居住区内道路的分级、地形、交通情况等进行设置。道路绿地对居住区的面貌有着极大的影响。

（二）居住区绿地规划原则

1. 系统性原则

居住区绿地规划应该与居住区的总体规划同时进行，做到集中与分散相结合，做到重点与一般相结合，做到点、线、面相结合。在规划过程中，居住区绿地应均匀地分布在居住区内，方便居民使用，充分体现自身的功能，并与其他绿地相联系，成为城市园林绿地系统的有机组成部分。

2. 可达性原则

无论是集中布置还是分散布置，居住区绿地都必须尽量安排在居民日常经过并能顺利到达的地方。在设计和管理的过程中，尽量减少围墙或绿篱等隔离设施，以增强绿地对居民的吸引力，提高绿地利用率。

3. 生态性原则

设计者应充分利用自然地形和现状条件，因地制宜地进行规划，在绿地设计和建设过程中，尽量利用劣地、坡地、洼地及水面作为绿化用地，以节约土地。对于原有树木（特别是大树和古树名木），应该加以保护和利用。这样既可以节约建设资金，又有利于尽快形成绿化面貌。

4. 亲和性原则

居住区绿地应该以植物绿化造景为主，用植物围合、分隔、组织空间，改善小气候与环境，以满足防护、遮阴降温、通风透光的需要。设计者必须根据当地的自然条件和居民的生活习惯，掌握好绿化和各项公共设施的尺度，做出最佳的绿化设计，使绿地呈现出平易近人的特点。

5. 特色性原则

居住区绿地应该各具特色，利用植物塑造绿色空间的内在气质，体现亲切、平和、开朗的风格。植物的选择和配植要结合居住区绿化施工和养护管理的特点，力求做到节省投资、管理粗放。

6. 实用性原则

居住区绿地既要保持格调的和谐统一，又要在立意构思、布局形式、植物选择与配植等方面做到在统一中追求变化。设计者应尽量为居民提供绿地面积相对集中、使居民到达绿地后能够各得其所的居住区环境。

二、居住区绿地设计

（一）公共绿地设计

1. 居住区公园规划设计

居住区公园是居住区中规模最大、服务范围最广的中心绿地，具有重要的生态功能、景观功能和供居民游憩的功能。居住区公园常与居住区商业中心、文化中心结合起来进行布置，以方便居民活动，提高公园的利用率。（见图 2-3-1）

图 2-3-1 居住区公园效果图

居住区公园的规划设计手法可以参照城市综合性公园的规划设计手法，但居住区公园的规划设计应该充分考虑居住区公园的功能和特点。居住区公园的游人主要是本居住区居民，居民的游园时间多集中在早晚，特别在夏季，游人量较多。在规划布局时，设计者应该多考虑晚间游园活动所需的场地和设施，多配植夜香植物，要使基础设施满足节假日社区游园活动的要求，注意晚间亮化、彩化照明的设计，尽量突出居住区公园的特色。

在居住区公园的选址和用地范围的确定方面，设计者往往利用居住区规划用地中可以利用且具有保留价值、保护价值、人文历史价值的区域。居住区公园除以绿化为主外，常以小型园林水体、地形地貌的变化来构成较丰富的园林空间和景观。居住区公园应该规划一定的游览服务性建筑，同时布置适量的活动场地，并配置相应的活动设施，点缀景观建筑。与一般城市公园相比，居住区公园的规划用地面积较小，因此，其布局较为紧凑，各功能区或景区之间的联系紧密，游览路线的景观变化节奏相对较快。

居住区公园规划布局应该满足以下三个方面的要求。

第一，满足功能要求，划分不同功能区域。根据居民各种活动的要求布置休息、文化娱乐、体育锻炼、儿童游戏和人际交往等活动的场地和设施。

第二，满足园林审美要求和游览要求，以景取胜，充分利用地形、水体、植物和园林建筑，营造园林景观，创造园林意境。园林空间的组织与园路的布局应该与园林景观和活动场地的布局结合起来，兼顾游览、交通和展示园景等方面的功能。

第三，形成优美的自然绿化景观和优良的生态环境。居住区公园应该保持合理的绿化用地比例，发挥园林植物群落在形成公园景观和公园良好生态环境方面的主导作用。

2. 居住区小游园规划设计

居住区小游园又称居住小区级公园或居住小区小游园，是供居民休息和开展业余活动的场所，是小区内的中心绿地，供小区内居民使用。小游园可以设在小区中心，成为“内向”绿化空间。小游园与小区各个方向的服务距离需均匀，以便于居民使用。在建筑环绕中，环境比较安静，这增强了居民的领域感和归属感。在视觉上，绿化空间与四周的建筑群产生明显的“虚”与“实”、“软”与“硬”的对比，小区空间疏密结合，层次丰富而有变化。

在规模较小的小区中，小游园可以设在小区沿街一侧，将绿化空间从小区引向“外向”空间而与城市街道绿化相连。小游园不仅为本小区居民所用，还能美化城市、丰富街道景观。同时，小游园使小区住宅与城市道路有了绿化的分隔，有利于降低噪声、阻隔尘埃，有利于改善居住区的小气候。

3. 居住区组团绿地的规划设计

居住区组团绿地是结合居住区建筑的不同组合而形成的另一级公共绿地，随着组团绿地的布置方式和布局手法的变化，其大小、位置和形状也相应地发生变化。居住区组团绿地就近为组团内老人和儿童提供户外活动的场所，服务半径小，最大步行距离在 100 米左右，使用效率高，这就形成了居住建筑组群的共享空间。有的居住区内没有小区公园，而以分布在各个居住组团内的组团绿地作为居住区的主要公共绿地。（见图 2-3-2）

图 2-3-2　某市小城花园中心绿地设计

居住区组团绿地位置有多种选择，如居住区组团绿地可以设在周边式住宅中间、行列式住宅山墙之间、住宅组团的一角、两个组团之间、组团临街处等位置。绿地可以结合自然水体互为因借，形成迷人的景观。

居住区组团绿地可以设置幼儿游戏场和老年人休息场地，设置小沙池、游戏器械、座椅等。组团绿地中仍应以花草树木为主，以满足居住区绿地的要求。

常见的组团绿地形式有庭院式组团绿地、林荫道式组团绿地、山墙间组团绿地、临街组团绿地、独立式组团绿地，以及结合公共建筑、社区中心的组团绿地。

组团绿地规划设计应该注意以下两个问题。

第一，要将出入口位置的选择，以及道路、广场的布置与绿地周围的道路系统、人流方向结合起来进行考虑。

第二，绿地内要有足够的铺装地面，这样既方便居民休息和活动，又减少居民对绿地的践踏和破坏，有利于绿地的清洁卫生。一般来说，绿化覆盖率应达到60%以上。为了有较高的绿化覆盖率，并保证活动场地有足够的面积，设计者可以在铺装地面上留树穴植乔木，或者铺嵌草砖地面。

（二）宅旁绿地设计

宅旁绿地属于居住建筑用地的一部分，是居住区绿地的重要组成部分。居住区用地平衡表只反映公共绿地的面积与百分比，宅旁绿地面积不计入公共绿地指标。一般来说，宅旁绿地面积指标比公共绿地面积指标大 2 ～ 3 倍，人均绿地可达 4 ～ 6 平方米。居民在宅旁绿地中可以开展品茗弈棋、邻里交往等活动，拉近邻里关系，营造浓厚的生活气息。宅旁绿地可以较大限度地打破现代住宅单元楼的封闭隔离感。宅旁绿地是居民生活的重要区域，是邻里交往的场所。

宅旁绿化的重点在宅前，宅旁绿化包括以下几个方面的内容。

1. 居民小院绿化

居民小院可以分为底层住户小院和独户庭院两种形式。现代居住小区多将住宅建筑前后的空间赠送给一楼住户作为私家花园。同时，为了不影响居住区绿化设计的整体效果，底层住户小院会留出一定宽度的绿地作为居住区公共绿地。

独户庭院的绿化设计，一般是指别墅区中独栋别墅周围的绿地空间设计。独户庭院的绿化可以统一规划设计，也可以由住户自行设计。

2. 宅间活动场地绿化

宅间活动场地属于半公共空间，主要供幼儿活动和老人休息之用。宅间活动场地的绿化类型主要有以下几种。

（1）游园型

当宅间活动场地面积较大时，设计者可以将其设计为小游园，但是活动场地一定要与建筑保持一定的距离。种植的植物要与建筑保持 5 米以上的距离。这样既可以保证室内有良好的通风和采光条件，又能保证室内安静。

（2）林荫型

林荫型的绿化形式一般适用于面积较大的宅间活动场地。但在设计时，设计者一定要保证室内有良好的通风和采光条件。

（3）棚架型

宅间活动场地还可以设置棚架，这种景观要素可以与藤本植物相搭配，从而形成庇荫空间和休闲空间。

（4）草坪型

当楼间距较小时，为了满足室内的通风采光要求，宅间活动场地一般被设计为草坪型场地（见图 2-3-3）。

图 2-3-3　草坪型宅间活动场地设计

3. 住宅建筑绿化

（1）架空层绿化

近些年新建的居住区常将部分住宅的首层架空形成架空层，通过室外绿化向架空层内部渗透，形成半开放的绿化休闲活动区。这种半开放的空间与周围较开放的室外绿化空间形成鲜明的对比，增加了绿化空间的多重性、可变性、趣味性和舒适性，既为居民提供可遮风挡雨的活动场所，又使居住环境更富有透气感，使空间更加丰富。

（2）窗前绿化

窗前绿化在室内的采光、通风与减弱噪声、防止视线干扰等方面起着相当重要的作用。其配置方法也是多种多样的。有的在距窗前 1 ~ 2 米处种一排花灌木，这一排花灌木遮挡窗户的一小半，形成一条窄的绿带，既不影响采光，又可以防止视线干扰，在开花时节还可以形成良好的景观效果。有的在窗前设花坛、花池，使行人分流，增加一楼住户的安全感。

（3）屋基绿化

屋基绿化是指墙基、墙角、窗前和入口等的绿化。

①墙基绿化。墙基绿化可以使建筑物与地面之间增添一点绿色。一般来说，设计者多选用灌木做规则式配置，也可种植爬墙虎、络石等攀缘植物。

②墙角绿化。墙角可种植小乔木、竹或灌木，形成“绿柱”“绿球”。这样可以打破建筑线条 的生硬感，使建筑与绿植融合在一起。

（4）墙面、屋顶绿化

城市用地十分紧张，进行墙面和屋顶的绿化，即垂直绿化，是增加城市绿化量的一种有效方法。墙面绿化和屋顶绿化不仅能够美化环境、净化空气、改善局部小气候，还能够丰富城市的俯视景观和立面景观。

住宅建筑本身的绿化是宅旁绿化的重要组成部分，它必须与整个宅旁绿化和建筑风格相协调。

（三）专用绿地设计

1. 小学及幼儿园的绿地设计

小学及幼儿园是培养、教育儿童，使他们在德、智、体、美各方面全面发展、健康成长的场所。对于小学及幼儿园的绿地设计，设计者应该考虑创造一个清新优美的室外环境。同时，室内应该保证既不曝晒，又很明亮，利于学习。

庭院中应以大乔木为骨干，形成比较开阔的空间。房前屋后、边角地带应点缀开花灌木。这样不仅可使儿童有充足的室外活动空间，使儿童在冬季可以晒太阳、在夏季可以遮阳玩耍，而且可以使小学及幼儿园拥有丰富多彩的四季景色。幼儿园可以考虑布置较集中的大草坪供幼儿嬉戏、玩耍。

教室前应以种植低矮的花灌木为主，这样不影响室内的通风和采光。小学操场周围应该以种植高大乔木为主，树下可设置用于体育锻炼的各种器械。幼儿园的开阔草坪中可以开辟一块100平方米左右的场地，设置幼儿游戏器械，地面用塑胶材料铺设，以保护幼儿免于跌伤。

小学和幼儿园都可以开辟一处动物角或植物角，以培养儿童认识自然、热爱自然的意识。其面积可根据校园大小来确定。

在植物的选择上，校园内应选用生长健壮、不容易发生病虫害、不飞絮、无毒、不影响儿童生理健康的树种。在儿童可以到达、容易触摸到的地方，严禁种植有刺、有毒的植物。

2. 商业、服务中心绿地设计

居住小区的商业、服务中心是与居民生活息息相关的场所。居民在日常生活中需要就近购物，又需要理发、洗衣、储蓄、寄信等。商业、服务中心是居民每时每刻都要进出的地方。因此，在绿化设计时，设计者可以考虑以规则式为主，留出足够的活动场地，便于居民来往、停留、等候等。场地上可以摆放一些简洁耐用的坐凳、果皮箱等。在节日期间，可以摆放盆花，以增加节日气氛。

（四）居住区道路绿地设计

居住区道路一般由居住区主干道、居住小区干道、组团道路和宅间道路四级道路构成，是联系住宅建筑、居住区各功能区、居住区出入口和城市街道的纽带，是居民日常生活和散步休息的必经通道。居住区道路绿地联系着居住区其他各类绿地，形成绿色网络。因此，居住区道路景观在构成居住区空间景观和保护生态环境方面具有十分重要的作用。

1. 居住区主干道绿化

居住区主干道是联系各小区和居住区内外的主要道路，除了人行以外，车辆通行比较频繁。行道树的栽植要考虑行人的遮阴与交通安全。道路交叉口处需要留有安全视距，不得妨碍路灯的照明，为交通安全创造良好的条件。（见图2-3-4）

图 2-3-4　住宅区主干道

主干道路面宽阔，行道树应该选择体态雄伟、树冠宽阔的乔木，起到遮阴降温的作用。居住区主干道两侧应栽种乔木、灌木和草本植物，以减少尘土、噪声和有害气体。绿带内可以栽植花灌木、地被植物和乔木，形成丰富的绿化层次。路边可以开辟小的休息场地，设置山石、花坛和座椅等，以供行人休息。

2. 小区级干道绿化

小区级干道是连接居住区主干道和小区的道路，以人行为主，以车行为次。绿化树种可以选择开花或富有叶色变化的乔木、灌木。其种植形式要与宅间绿化布局密切配合，以形成相互关联的整体。特别是相同建筑的入口处绿化，应该以方便识别各幢建筑为出发点进行设计。（见图 2-3-5）

图 2-3-5　小区级干道绿化

3. 住宅小路绿化

住宅小路是连接各住宅的道路，以人行为主。植物配置以姿态、色彩丰富的乔木、灌木和各种地被植物为主。住宅小路还可以配置山石小品等，以丰富道路景观。

靠近住宅的小路旁绿化，不能影响室内的采光和通风。通向两幢相同建筑中的小路路口应该适当放宽，扩大草坪铺装面积。乔木、灌木应该后退种植，可结合道路或园林小品进行配置，以丰富道路景观，同时还要方便救护车和搬运车临时靠近住户。道路转弯处不能种植高大的绿篱，以免阻挡人们骑自行车时的视线。各幢住户门口应该选用不同的树种，采用不同的形式进行布置，以利于辨别方向。（见图 2-3-6）

图 2-3-6 住宅小路绿化

另外，在人流较多的地方，如公共建筑的前面和商店门口等，可以采取扩大道路铺装面积的方式来与小区公共绿地融为一体。

居住区道路绿化设计要使有限的绿地空间发挥最大的生态效益，使居民拥有符合身心需求的游憩场所。经调查，居民最主要的活动形式是散步，而且居民最喜欢在绿化良好的道路上散步，因此，我们有必要为居民提供一个方便、美观的绿色廊道系统。

三 学习任务

任务目的

1. 掌握居住区绿地设计的内容和方法。
2. 能够灵活运用各景观元素配置原则进行居住区绿地规划设计。
3. 能够规范绘制居住区绿地规划设计的平面图、立面图、效果图。
4. 能够编写居住区绿地的设计说明书和植物名录。

任务内容与要求

图 2-3-7 所示为一处普通居住区小游园绿化用地，以小组为单位，为其进行景观规划设计。要求有一定的活动空间和绿地环境，具体风格不限。设计区域为图中阴影部分，面积约为 5 000 平方米，其中有一棵大树，周围由居住区内部主干道环绕，主干道外边是 5 层住宅。

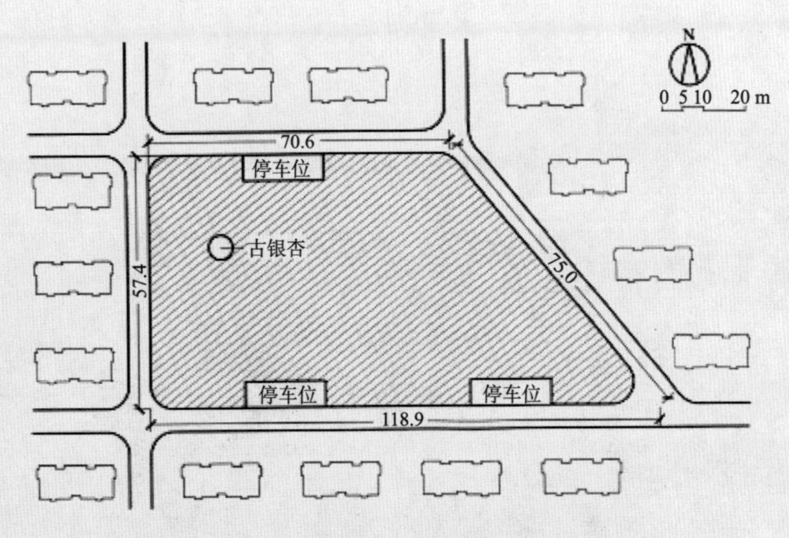

图 2-3-7 小游园绿地规划设计功能分区图

1. 充分考虑现状、条件，抓住场地特征，正确分析各相关要素。

2. 设计方案能够合理运用地形、水、植物、园林建筑等景观设计要素，布局合理，构思新颖，能充分反映时代特点，具有独创性、经济性和可行性的特点。

3. 注意乔木、灌木、草本植物的合理配置和植物的季相效果。

4. 设计需要满足以人为本的理念，符合人体工程学和景观设计常规要求。

5. 图画清晰、美观，并符合园林制图规范，符合国家现行的相关法律法规的规定。

任务实施

1. 项目分析：做好设计前的准备工作，了解周围的环境条件、居民的生活习惯、人文历史情况等，了解当地的自然条件、社会条件。

2. 收集资料：查阅居住区绿地设计相关规范，并收集、整理有关居住区绿地规划设计的资料。

3. 制定方案：做出总体方案初步设计，经过研讨与修改，确定最终的设计方案。

4. 完成设计：按照设计要求，逐步推敲细化，最终完成设计图纸。

5. 编制设计说明书，编写植物名录和其他材料。

模块三

单位附属地规划设计研究

本模块知识架构

- 校园绿地规划设计
  - 幼儿园绿地规划设计
  - 中小学校园绿地规划设计
  - 大专院校校园绿地规划设计
- 医疗机构绿地规划设计
  - 医疗机构绿地的类型及功能
  - 医院绿地规划设计原则
  - 医院绿地规划设计
  - 不同性质的医院机构对绿化的特殊要求
- 机关单位绿地规划设计
  - 机关单位绿地规划设计原则
  - 机关单位绿地规划设计

任务一 校园绿地规划设计

学习目标	能力目标	素质目标
1. 了解幼儿园、中小学和大专院校绿地的特点。 2. 掌握幼儿园、中小学和大专院校绿地设计的要点。	1. 能够结合实际，分析校园绿地的组成及其各自的设计要点。 2. 能够根据校园的风格和性质进行有针对性、创造性的校园绿地设计。 3. 能够绘制各类平面图和效果图，能鉴赏设计方案。	1. 具有善于观察和分析问题的能力。 2. 具有善于借鉴和应用的能力。 3. 具有严谨的创新精神和求实态度。 4. 具有精益求精的工匠精神。

知识准备

校园绿地是单位附属地的一个重要组成部分。随着国家对教育投资的逐渐增加，校园环境建设更加受到人们的关注。校园绿化的主要目的是创造浓荫覆盖、花团锦簇、绿草如茵、清洁卫生、安静清幽的校园绿地，从而为师生提供良好的环境和场所。

校园是学校精神、学术和文化的物质载体。校园绿地建设是学校建设工作的重要组成部分，是学校整体面貌和外在形象的表现。良好的校园环境是一部立体、多彩、富有吸引力的教科书，具有独特的感染力和约束力，有利于陶冶学生的情操、净化学生的心灵。如何创建优美的校园环境是当前各类学校日益关注和重视的环境建设问题。

由于学校规模、教育阶段、学生年龄不同，学校绿地建设存在很大的差异。一般来说，中小学校的规模较小，学生年龄较小，学生以走读方式为主，因此，无论是从设计角度来说，还是从功能角度来说，绿地建设都比较简单。而大专院校规模大、学生年龄较大，学生以住校为主，因此绿地设计及功能要求比较复杂。

一、幼儿园绿地规划设计

幼儿园是对 3 ~ 6 岁幼儿进行学龄前教育的机构。幼儿园一般可以分为主体建筑区、辅助建筑区和户外活动场地三个部分。

一般正规幼儿园的活动包括室内活动和室外活动两个部分。根据活动要求，室外活动场地又分为公共活动场地、班组活动场地、自然科学基地和生活杂务用地等。公共活动场地是幼儿进行集体活动、游戏的场地，也是绿地的重点地区。公共活动场地中可设置供儿童做游戏的沙池、大型玩具、高大的乔木等。班组活动场地中一般不设置游乐器械，通常种植无毒、无刺的植物。班组活动场地可以根据面积的大小采用铺装法，图案要新颖、别致，符合不同年龄段幼儿的心理特点。

（一）幼儿园绿地的特点

第一，儿童使用，尺寸要适宜，色彩要符合儿童的心理特点。
第二，户外活动多，要注意防晒、遮阴。
第三，注意安全性防护林、防噪声等。

（二）幼儿园绿地设计要点

1. 绿化布置

幼儿园分为大班、中班和小班。幼儿园的绿化要根据这一特点进行设计。绿化布置首先要满足孩子们户外活动的需要，各教室外都应该有一小块活动场地。活动场地要用大树遮阴，孩子们可以在树荫下游戏。场地内可以种植几株春夏开花的灌木作为点缀，也可以铺一块草地，让孩子们在草地上自由自在地活动和做游戏。如果幼儿园比较狭小，种树的地方不多，幼儿园可以搭棚架种植攀缘植物，这样的绿化效果也比较好。幼儿园还可以在教室内外和窗台上摆放几盆花，这不仅可以美化环境，还可以增加孩子们的自然科学知识。另外，临街的幼儿园和在居住区中的幼儿园，应该布置卫生防护林带，这样可以起到防尘、防噪声的作用。

公共活动场地可以完全按照花园形式进行设计，种植孩子们最喜欢的树种，使之春季有花、夏季有荫、秋季有果、冬季有青。花池中可以种植容易栽培的五颜六色的露地草花。幼儿园需要做到有花、有果、有香味，使孩子的生活更加丰富多彩。幼儿园应结合各种活动器械的布置，适当布置园路，设置小亭、花架、涉水池、沙坑、水池喷泉等。整个室外活动场地应该尽量铺设耐践踏的草坪，或者用塑胶铺地。绿地的铺装图案、色彩要符合儿童的心理特点，幼儿园还要注意绿地铺装的平整性，不要设台阶，道牙、汀步的尺度应该满足儿童安全健康的需求。

2. 生物角设置

有条件的幼儿园可以设果园、花园、菜园、小动物饲养地，建立“生物角”，种植花卉、蔬菜、瓜豆等各种栽培植物，也可以饲养几只小动物。老师进行辅导，让孩子们自己管理并进行观察和记载，培养孩子们热爱自然、热爱科学、热爱劳动的良好品德。

3. 入口的绿化

入口的绿化要整齐、美观、活泼，使孩子们感到亲切。如果入口处建有影壁，可以在影壁前用黄杨或侧柏做矮篱，绿篱里面种植花灌木或摆放盆花。影壁后面种植常绿大乔木或落叶乔木作为背景。没有影壁的入口处，可以正对校门布置树丛和花坛，花坛里布置形象的雕像，这样一来，入口的气氛更好。

在靠近传达室及入口广场的两侧，可以种植几株高大遮阴树，如悬铃木、柳树、毛白杨、国槐等。

二、中小学校园绿地规划设计

（一）中小学校园的特点

1. 面积与规模

一般情况下，中小学校规模小，建筑密度大，绿化用地紧张，尤其是小学和一些普通中学，用地更是紧张。

2. 师生工作、学习的特点

中小学校的学生以走读为主，学生在校内停留的时间仅限于上课时间，且由于一般中小学校的师生、员工较少，用地紧张，在校内居住的教师并不多。因此，绿地的功能比较单一，主要以观赏为主。

3. 学生特点

中小学生一般年龄较小，学习任务比较繁重，因此，设计者在进行绿地设计时应该主要考虑学生的年龄特点，并注意满足学生休息、活动、放松的需求。

（二）中小学校园绿化设计要点

1. 建筑周围的绿化设计

中小学建筑用地绿化，往往沿道路两侧、广场、建筑周边和围墙边呈条带状分布，以建筑为主体。因此，绿化设计既要考虑建筑物的使用功能，如通风采光、遮阳、交通集散，又要考虑建筑物的形状、体积、色彩和广场、道路的空间大小等。

大门出入口、建筑门厅和庭院，可以作为校园绿化的重点。在这些位置，可结合建筑、广场和主要道路进行绿化布置，注意色彩、层次的对比变化，建花坛，铺草坪，植绿篱，配植四季花木，衬托大门和建筑物入口空间和正立面景观，丰富校园景色。建筑物前后可以进行低矮的基础栽植。山墙外可以种植高大的乔木，以防日晒。庭院中也可以种植乔木，形成庭荫环境，并可以适当设置阅报栏、乒乓球台等文体设施，供学生课余活动使用。

2. 体育场地周围的绿化设计

体育场地主要供学生开展各种体育活动。一般小学操场较小，经常以楼前后的庭院来代替。中学单独设立较大的操场，操场可以划分标准运动跑道、足球场、篮球场及其他体育活动用地。

体育场地周围可种植高大、遮阳的落叶乔木，少种植花灌木。地面铺草坪（除道路以外），尽量不硬化。体育场地要留出较大的空地来满足户外活动需要，并且视线要通透，以保证学生的安全和体育比赛的进行。

3. 道路绿化设计

校园道路绿化，应主要考虑功能要求，满足遮阳的需要。校园道路两侧一般多种植落叶乔木，也可以适当点缀常绿乔木和花灌木。

另外，校园可以沿围墙种植绿篱或乔灌木，与外界环境相对隔离，避免相互干扰。

三、大专院校校园绿地规划设计

大专院校是促进城市经济、科学文化繁荣与发展的园地，是带动城市高科技发展的动力，也是科教兴国的主阵地。大专院校在认知未知世界、探索真理、为人类解决重大课题、推动知识创新、推广科学技术成果、实现生产力转化等方面，发挥着不可估量的作用。

优美的校园绿地和环境，不仅有利于师生的工作、学习和身心健康，而且可以为社区乃至城市增添亮丽的风景。在我国，许多环境优美的校园都令国内外广大来访者赞叹不已、流连忘返，令学校广大师生员工引以为荣、终生难忘。如水清木秀、湖光塔影的北京大学，古榕蔽日、楼亭入画的中山大学，依山面海、清新典雅的深圳大学等，都是校园绿地建设的典范。

（一）大专院校的特点

1. 面积与规模

大专院校一般规模大，面积广，建筑密度小。尤其是重点院校，相当于一个小城镇，通常占据相当规模的用地，其中有完善的设施。校园内部具有明显的功能分区，各功能区通过道路进行分隔和联系，不同的道路选择不同的树种。这就形成了鲜明的功能区标志和道路绿化网络，构成了校园绿化的主体和骨架。

2. 师生工作、学习的特点

大专院校以课时为基本单位组织教学工作。学生一般没有固定的教室，一天之中要多次往返、穿梭于校园内各处的教室、实验室，匆忙而紧张，是一个从事繁重的脑力劳动的群体。大专院校中教师的工作包括科研和教学两个部分，教师没有固定的八小时工作制，工作时间比较灵活。

3. 学生特点

大专院校的学生正处在青年时代，其人生观和世界观处于树立与形成时期，各方面逐步走向成熟。他们精力旺盛，朝气蓬勃，思想活跃，开放活泼，可塑性强，又有独立的个人见解，掌握一定的科学知识，具有较高的文化素养。他们需要良好的学习环境、运动环境和高品位的娱乐交往空间，从而实现德、智、体、美、劳全面发展。

（二）大专院校校园绿化设计

1. 校前区绿化

学校大门、出入口与办公楼、教学主楼组成校前区或前庭，是行人、车辆出入之处，具有交通集散功能和展示校容校貌的作用，因此，校前区往往设置广场和集中绿化区，为校园重点绿化地段之一。

学校大门的绿化要与大门建筑形式相协调，以装饰、观赏为主，衬托大门及立体建筑，体现学校风格，突出庄重典雅、朴素大方、简洁明快、安静优美的校园环境。

校前区绿化设计以规则式绿地为主，以校门、办公楼或教学楼为轴线。主干道两侧可以种植高大且树冠整齐的乔木，这可以体现出学校严谨的工作作风，也可以标识出交通方向，增强方向感。

2. 教学科研区绿化

教学科研区是大专院校的主体，主要包括教学楼、实验楼、图书馆和行政办公楼等。教学科研区也常常与学校主出入口进行综合布置，体现学校的面貌和特点。教学科研区周围要保持安静的学习环境与研究环境，其绿地一般沿建筑周围、道路两侧呈条带状或团块状分布。（见图 3-1-1）

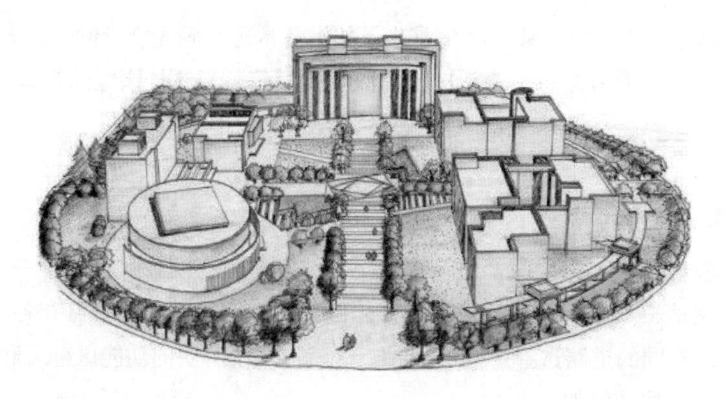

图 3-1-1 教学科研区绿化

3. 体育活动区绿化

体育活动区是校园的重要组成部分，是培养学生体育素养的重要场地。体育活动区主要包括大型体育场馆、游泳馆、各类球场和器械运动场等。体育活动区要与学生生活区有较紧密的联系。除了足球场草坪以外，绿地沿道路两侧和场馆周边呈条带状分布。

4. 校园生活区绿化

校园生活区绿化应该延续校园绿化基调，与校园整体绿化相协调，根据场地大小，兼顾交通、休憩、活动、观赏等功能。食堂、浴室、商店、银行、邮局前要留有一定的交通集散场地和活动场地，周围可留基础绿带，种植花草树木。活动场地中心或周边可以设置花坛或种植庭荫树等。

学生宿舍区绿化可以根据楼间距大小，结合楼前道路进行设计。楼间距较小时，楼梯口之间最好利用有限的空间营造出丰富的植物空间。场地较大时，学生宿舍区可以结合行道树营造封闭式的观赏性绿地，或者布置庭院式休闲绿地，将花坛、花架、基础绿带与庭荫树池结合起来，形成良好的学习、休闲场地，扩大学生的活动空间。

5. 校园道路绿化

校园道路绿地分布于校园内的道路系统中，对各功能区起着联系与分隔的双重作用，且具有交通运输功能。道路绿地位于道路两侧，除行道树外，道路外侧绿地与相邻的功能区绿地相互融合。（见图 3-1-2）

图 3-1-2 校园道路绿化

6. 后勤服务区绿化

后勤服务区分布着为全校提供水、电、热力的设施，以及各种气体动力站和仓库等，占地面积大，管线设施多，既要有便捷的对外交通联系，又要离教学科研区较远，避免干扰。其绿地沿道路两侧及建筑周边呈条带状分布。

学习任务

任务目的

1. 掌握校园绿地规划设计的内容和方法。

2. 能够灵活运用各景观元素配置原则进行校园绿地规划设计。

3. 能够规范绘制校园绿地规划设计的平面图、立面图、效果图。

4. 能够编写校园绿地的设计说明书和植物名录。

任务内容与要求

1. 选择所在学校进行规划设计。根据所在学校场地现状进行分析，结合当地的自然条件，完成校园绿地规划设计。

2. 现有某大学图书馆前绿化用地一处，面积约为 $2hm^2$，设计范围为红线之内的区域，图书馆为五层建筑，如图 3-1-3 所示。请充分考虑场地条件，进行景观设计，风格不限。

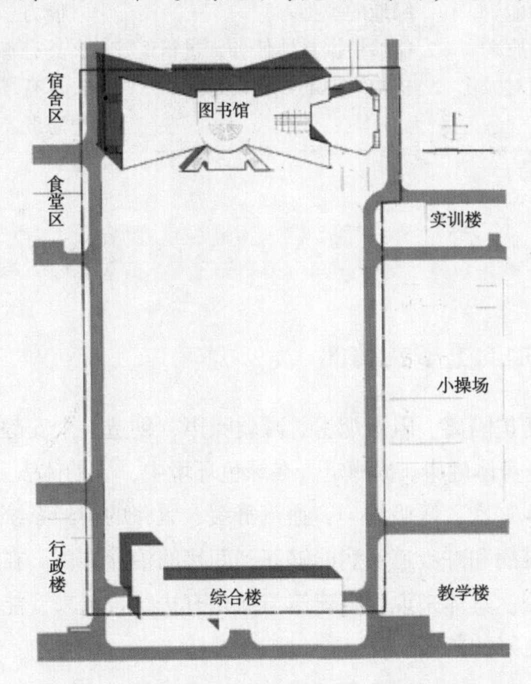

图 3-1-3　某大学图书馆前广场设计底图

3. 要符合场地环境需求，并能合理运用各景观要素，构思新颖，能充分反映时代特色。图画清晰、美观，并符合园林制图规范。设计应符合相关法律法规的规定。

任务实施

1. 项目分析：做好设计前的准备工作，了解、调查当地的地形、地质、地貌、气候等自然条件。了解学校的位置、特点，并搜集有关学校历史、文化的信息。

2. 收集资料：查阅大专院校校园绿地设计的相关规范，并收集、整理相关资料。

3. 制定方案：做出总体方案初步设计，经过研讨与修改，确定最终的设计方案。

4. 完成设计：依据总体方案绘制设计图纸，设计图纸中包括总平面图、主要景观的立面图、局部效果图等。

5. 编制设计说明书，编写植物名录和其他材料。

任务二　医疗机构绿地规划设计

学习目标	能力目标	素质目标
1. 了解医疗机构绿地的类型。 2. 熟悉医疗机构绿地的功能。 3. 掌握医院绿地规划设计原则。 4. 熟悉不同性质医院机构对绿化的特殊要求。	1. 能够结合实际，分析医疗机构绿地的类型。 2. 能够根据具体任务，进行医疗机构绿地的规划设计。	1. 具有善于观察和分析问题的能力。 2. 具有善于借鉴和应用的能力。 3. 具有严谨的创新精神和求实态度。

知识准备

一、医疗机构绿地的类型及功能

医院绿化的目的是防护隔离、阻滞烟尘、减弱噪声，创造一个安静、优美的环境，以利于人们防病治病、尽快恢复身体健康。据测定，在绿色环境中，人的体表温度可降低1℃～2.2℃，脉搏平均每分钟减缓4～8次，呼吸均匀，血流舒缓，紧张的神经系统得以松弛。绿色环境对高血压、神经衰弱、心脏病和呼吸道疾病能够起到间接的治疗作用。在现代医院设计中，环境的重要作用已经不容忽视。具体来说，将建筑与绿化有机结合起来，能够使医院的功能在心理意义和生理意义上得到更好的落实。

（一）医疗机构的类型

1. 综合性医院

综合性医院一般设有内、外各科的门诊部和住院部，具有较齐全的医科门类，可以治疗各种疾病。

2. 专科医院

专科医院是设某一个科或某几个相关科的医院，医科门类比较单一，专治某种或某几种疾病，如骨科医院、妇产医院、儿童医院、口腔医院、结核病医院、传染病医院和精神病医院等。传染病医院和需要隔离的医院一般设在城市郊区。

3. 小型卫生院（所）

小型卫生院（所）是指设有内、外各科门诊的卫生院、卫生所和诊所。

4. 休养院、疗养院

休养院、疗养院是指用于增进身心健康、预防疾病或治疗各种慢性病的机构。

（二）医疗机构绿地的功能

随着科学技术的发展和物质生活水平的提高，人们对医院绿地功能的认识也逐渐深化，而且医院绿地的功能也呈现出多样性。但总的来说，医院绿地的功能集中体现在以下几个方面。

1. 改善小气候条件

医院绿地对保持和创造医疗单位良好的小气候条件具有重要作用。其作用具体体现在调节温度、调节湿度、防风、防尘、净化空气等方面。

2. 美化环境

医疗机构优美的、富有特色的园林绿地可以为病人创造良好的户外环境，提供观赏、休息、健身、交往、疗养等的绿色空间，有利于病人早日康复。同时，园林绿地作为医疗机构环境的重要组成部分，还可以提高医疗机构的知名度和美誉度，有利于医疗机构塑造良好的形象、有效地增加就医量，有利于医疗机构提高竞争力。

3. 安抚患者心理

医疗机构优雅、安静的绿化环境对病人的心理、精神状态和情绪起着良好的安抚作用。植物的形态、色彩对视觉形成刺激，芳香袭人的气味对嗅觉形成刺激，色彩鲜艳、清爽可口的食用植物对味觉形成刺激，植物的茎、叶、花、果对触觉形成刺激，园林绿地中的水声、风声、虫鸣、鸟语和雨打叶片声对听觉形成刺激……住院病人来到绿地，置身于绿树花丛中，沐浴着明媚的阳光，呼吸着清新的空气，感受着鸟语花香，这种自然疗法对于病人稳定情绪、放松大脑神经、促进康复都有着十分积极的作用。

4. 促进卫生保健

绿地是新鲜空气的发源地，而新鲜空气是人时刻离不开的，特别是身患疾病的人，更渴望清新的空气。植物通过光合作用吸收二氧化碳，释放氧气，自动调节空气中的二氧化碳和氧气的比例。植物可以大大降低空气中的含尘量，吸收、稀释地面 3 至 4 米高的范围内的有害气体。许多植物的芽、叶、花粉分泌大量的杀菌素，这些杀菌素可以杀死空气中的细菌、真菌和原生动物。科学研究证明，景天科植物的汁液能够消灭流感类的病毒；松树放出的臭氧和杀菌素能够抑制、杀灭结核菌；樟树、桉树的分泌物能够杀死蚊虫、驱除苍蝇。这些植物都是对人类健康有益的“义务卫生防疫员、保健员”。因此，在医疗机构绿地中，选择松柏等杀菌力强的树种，具有重要意义。

5. 防护隔离

在医院，一般病房、传染病房、制药间、解剖室、太平间之间都需要隔离，传染病医院周围也需要隔离。园林绿地经常利用乔木、灌木的合理配置，有效地起到防护隔离的作用。

综上所述，医院绿地的作用可以分为物理作用和心理作用。绿地的物理作用是指通过调节气候、净化空气、减弱噪声、防风防尘、抑菌杀菌等，调节环境的物理性质，使环境处于良性的、宜人的状态。绿地的心理作用则是指病人处在绿地环境中，通过环境对感官的刺激产生宁静、安逸、愉悦等良好的心理反应和效果。

二、医院绿地规划设计原则

（一）创造生态环境

医院是城市的一部分，医院生态环境应该是城市生态环境的一个组成部分。恰当的绿化不仅可以起到美化环境的作用，还可以起到提高空气质量、保持湿度、阻隔噪声等作用。因此，在设计之初，设计者就应该考虑减少土方开挖量，尽量保持原有的植被和自然形成的景观，同时，还应该考虑环境的地域特色，根据当地的气候条件布置室外景观，选取具有当地地域特色的植物。

（二）具有可识别性

医院是一个庞大的系统，科室繁多，功能复杂。特别是对于门诊患者与其陪同人员来说，他们并不熟悉医院的户外空间位置、到达路径和不同科室的位置。这很容易造成他们的盲目流动。医院可以创造各具特色的室外景观，利用不同的植物形成视觉中心。这样做可以标示医院不同的建筑入口，从而快速地引导各类人员进出医院。室内空间，特别是候诊空间，可以采取摆放盆栽、设置雕塑、绿化围合等手段，使各类人员消除烦躁、不安的情绪，为提高医院诊疗效率创造条件。

（三）创造可达性强的景观交往空间

医护人员之间要经常交流医学知识和临床经验，医护人员与患者之间需要交流对病情的看法和意见，患者之间要通过病情的交流获得支持与安慰，这都要求医院具有交往空间。这不仅表现为室内交往空间的营造，也表现为室外交往空间的设计。交往空间具有公共性、可参与性等特征。这就要求交往空间具有较强的可达性。除了对通往景观空间通道的便捷性提出要求以外，可达性对景观空间内部的畅通性也提出了要求。例如，医院应该设计无障碍坡道，使患者依靠自己的努力就可以到达目的地。

三、医院绿地规划设计

（一）中心区域绿地规划设计

医院的中心区域通常是以医疗综合区为中心的空间，这一区域内的景观应该以开放、有序的气氛为主。同时，医院中心区域的景观应该具有突出的特点，能够体现医院精神，给患者和过往行人留下深刻的印象。

（二）边缘区域绿地规划设计

边缘区域是指医院与周围环境交融的一块区域，我们可以将其理解为广义上的“灰空间”。它是指医院与人工环境之间的区域，以及医院与自然环境之间的区域。前者一般是指医院基地周围城市道路红线以内的区域，后者一般是指医院基地原有的自然景观区域。它们都具有调节局部气候、提升环境质量的作用。

（三）建筑物院落内的景观

建筑物院落内的空间通常给人以安全感和亲近感，因此，在景观设计的过程中，设计者要把握好人的尺度和人的心理感受，可以借鉴中国古典园林的设计手法，运用借景和移步换景的方式，使建筑与室外景观相互融合。

（四）建筑物之间绿地规划设计

医院规划设计能够大致确定建筑物之间的空间形态。通常来说，这种空间需要景观的二次划分和围合，因此，对于这类景观设计，设计者一般利用植物的多样性，注意高低、疏密的搭配，结合构筑物和景观建筑，创造有层次感的室外景观。

（五）医院道路绿地规划设计

道路具有线性的特点，导向性很强，这就为景观空间的可达性提供了条件。设计者可以在医院的人行道或车行道两旁适当进行绿化，扩大空间。这样就可以提供更多的交往空间。

（六）标志性景观规划设计

具有地标性的景观是医院景观设计中的画龙点睛之处，是视觉中心点。它可以是一个高耸的构筑物，也可以是一块极具特色的绿地。

四、不同性质的医院机构对绿化的特殊要求

（一）儿童医院绿地设计

儿童医院主要收治 14 岁以下的患者，其绿地除了具有综合性医院绿地的功能以外，还要考虑儿童的一些特点。例如，绿篱高度不超过 80 厘米，以避免遮挡儿童的视线；绿地中适当设置儿童活动场地和游戏设施；在植物选择上，注意色彩效果，避免选择对儿童有伤害的植物。对于儿童医院绿地中所设置的儿童活动场地、设施、装饰图案和园林小品等，其形式、色彩、尺度都要符合儿童的心理和需要，要富有童趣。儿童医院绿地要以优美的布局形式和绿化环境，创造活泼、轻松的气氛，减少医院和疾病给儿童造成的心理压力。

（二）传染病医院绿地设计

传染病医院主要收治患有各种急性传染病的病人，为了避免传染，更应突出绿地的防护和

隔离作用。

传染病医院的防护林带要宽于一般医院的防护林带，同时，常绿树的比例要大，从而使其在冬季也具有防护作用。不同病区之间要相互隔离，避免交叉感染。由于病人的活动以散步、下棋、聊天为主，各病区的绿地不宜太大，休息场地要距离病房近一些，以方便利用。

（三）精神病院绿地设计

精神病院主要收治有精神疾病的患者，由于艳丽的色彩容易使患者精神兴奋、神经中枢失控，不利于治病和康复，精神病院绿地设计应该突出“宁静”的气氛，以白、绿色调为主，多种植常绿树，少种植花灌木。病房区周围面积较大的绿地中可以布置休息庭园，让患者感受阳光、空气和自然气息。

（四）疗养院绿地设计

疗养院是具有特殊治疗效果的医疗保健机构，主要治疗各类慢性病，疗养期一般较长，通常为一个月到半年。

疗养院具有休息和医疗保健的双重作用，多设在环境优美、空气新鲜并有一些特殊治疗条件（如温泉）的地段。有的疗养院设在风景区中，有的单独设置。

疗养院的疗养手段有气候疗法（日光浴、空气浴、海水浴等）、矿泉疗法等。因此，在进行绿地设计时，设计者应该结合各种疗法布置相应的场地和设施，并将场地和设施与环境融合起来。

与综合性医院相比，疗养院的规模与面积一般较大，疗养院有较大的绿化区。因此，疗养院更应该发挥绿地的功能，疗养院内不同功能区应该用绿化带加以隔离。疗养院内树木花草的布置要衬托、美化建筑，使建筑内阳光充足、通风良好、留有风景透视线，以供病人在室内远眺观景。为了保持安静，建筑附近不应种植毛白杨等树叶声大的树木。疗养院内的露天运动场地、舞场、电影场等周围也要进行绿化，形成整洁、美观、大方、宁静、清新的环境。（见图3-2-1）

图3-2-1　疗养院绿地设计

学习任务

任务目的

1. 掌握医疗机构绿地规划设计的内容和方法。
2. 能够灵活运用各景观元素配置原则进行医疗机构绿地规划设计。
3. 能够规范绘制医疗机构绿地规划设计的平面图、立面图、效果图。
4. 能够编写医疗机构绿地的设计说明书和植物名录。

任务内容与要求

1. 综合运用医疗机构绿地设计的相关知识对给定的医疗机构绿地项目进行规划设计，呈交一套完整的设计文件（包括设计图纸和设计说明）。
2. 所有图纸的图面要表现力强、线条流畅、构图合理、清洁美观，图例、文字标注、图幅等符合制图规范。
3. 设计说明要求语言流畅、言简意赅，能准确地对图纸进行补充说明，体现设计意图。

任务实施

1. 项目分析：做好设计前的准备工作，调查当地的地形、地质、地貌、气候等自然条件。
2. 收集资料：查阅医疗机构绿地设计相关规范，并收集、整理基础图纸等相关资料。
3. 制定方案：做出总体方案初步设计，经过研讨与修改，确定最终的设计方案。
4. 完成设计：依据总体方案绘制设计图纸，包括总平面图、主要景观的立面图、局部效果图等。
5. 编制设计说明书，编写植物名录和其他材料。

任务三　机关单位绿地规划设计

学习目标	能力目标	素质目标
1. 熟悉机关单位绿地设计的原则。 2. 掌握机关单位绿地设计的方法。	1. 能够结合实际，分析机关单位绿化的重点区域和特色。 2. 能够根据具体任务，进行机关单位绿地的规划设计。	1. 具有善于观察和分析问题的能力。 2. 具有善于借鉴和应用的能力。 3. 具有严谨的创新精神和求实态度。

知识准备

机关单位绿地是指党政机关、行政事业单位、各种团体和部队机关内的绿地。建设好机关单位绿地，不仅可以为工作人员创造良好的户外活动环境，还可以给前来办理业务的人留下美好的印象，可以提高单位的知名度和荣誉度。另外，机关单位一般位于城市干道旁，其建筑物又是街道景观的重要组成部分。因此，机关单位绿地对美化市容、提高城市绿化水平起着重要的作用。

机关单位绿化应该注意与周边环境相协调，融入城市绿化，不能标新立异。机关单位绿化还要与单位建筑风格协调一致，总体风格要简洁、开朗、大气。

一、机关单位绿地规划设计原则

（一）生态原则

对于机关单位绿地建设，我们应该主要营造自然绿色植物生态景观，在自然植被资源和自然生态环境的基础上，创造丰富多彩的环境景观，并以自然审美价值为主，以人工艺术文化为辅，科学、合理地做好绿地规划，在充分发挥生态功能的前提下，考虑环境空间的功能要求，处理好生态造景与使用功能的关系。

（二）美化原则

机关单位的环境是单位管理水平、文明程度、文化品位的象征，直接影响到机关单位的面貌和形象。因此，我们在设计时一定要在“美”字上下功夫，将绿化设计、立意构思与单位的性质紧密结合起来，打造景色优美、品味高雅、特色分明的个性化绿色景观。

由于机关单位往往位于街道旁，其建筑物又是街道景观的组成部分，我们在进行绿化时一定要结合文明城市、园林城市、卫生和旅游城市的创建工作，结合城市建设和改造，逐步实施“拆墙透绿”工程，拆除沿街围墙或用透花墙、栏杆墙代替原围墙，使单位绿地与街道绿地相互融合、相互渗透、相互补充、统一和谐。

（三）因地制宜原则

对于机关单位绿地规划，我们应该充分考虑所在地区的土壤、气候、地形、地势、水系、植物等自然条件，结合环境特点，因地制宜，充分、合理地利用地形地势、植物资源和河流水系等，进行各种景观的布局和设计，营造富有大自然气息的环境，使机关单位融入大自然之中、形成良好的生态环境系统。

二、机关单位绿地规划设计

（一）机关单位入口绿地设计

机关单位入口绿地主要是指城市道路到单位大门口之间的绿化用地。机关单位入口一般有门岗、汽车入口和人行入口，入口绿地是单位绿化的重点之一。在设计时，入口绿地的形式、色彩和风格要与入口空间、大门建筑相协调，以形成机关单位的特色和风格。入口对景位置上，应该种植较稠密的树丛，树丛前种植花卉或布置假山盆景。入口广场两侧的绿地，可以作为封闭式绿地，应用绿篱围起来，中间种植大乔木或观赏常绿树。

（二）办公楼前绿地设计

办公楼前绿地是机关单位绿地设计最为重要的部位。办公楼前绿地可以分为办公楼前装饰性绿地、办公楼入口处绿地和办公楼周围的基础绿地。

1. 办公楼前装饰性绿地

大楼前的场地在满足人流、交通、停车等功能的条件下，可以设置雕塑、喷泉、假山、花坛等作为入口的对景。办公楼前绿地以规则式、封闭型为主，对办公楼及空间起到装饰、衬托和 美化的作用。办公楼前绿地通常以草坪铺底，以绿篱围边，点缀常绿树和花灌木。办公楼前广场两侧绿地视场地大小而定。如果场地面积小，办公楼前广场两侧绿地一般应设计成封闭型绿地，起到绿化、美化的作用；如果场地面积较大，办公楼前广场两侧绿地常设计成开放型绿地，可以适当发挥休闲功能。

2. 办公楼入口处绿地

办公楼入口处绿地可结合台阶布置花台或花坛等。我们可以选择耐修剪的花灌木或树型规整的常绿针叶树，在办公楼入口两侧进行对植，可以将盆栽植物摆放于办公楼大门两侧。常用的植物有苏铁、棕榈、南洋杉、鱼尾葵等。

3. 办公楼周围的基础绿带

办公楼周围的基础绿带位于楼与道路之间，呈条带状，既能美化、衬托建筑，又能进行隔离，保证室内安静，在办公楼与楼前绿地之间起到衔接、过渡的作用。其绿化设计应该简洁明快。办公楼周围的基础绿带应该用绿篱围边，用草坪铺底，栽植常绿树与花灌木。在建筑物的背阴面，我们要选择耐阴植物。 为了保证室内的通风采光，高大乔木可以栽植在距建筑物 5 米之外的地方。为了防日晒，我们也可以在建筑的山墙处结合行道树栽植高大乔木。

（三）机关单位休闲绿地设计

机关单位休闲绿地要为职工创造良好的休息环境，同时要留出供职工开展文体活动的场地。如果机关单位内的绿地面积较大，我们可以考虑设计休息性的小游园。小游园中一般以植物造景为主，我们可以结合道路、休闲广场布置水池、雕塑，以及亭、廊、花架、桌、椅、凳等园林建筑小品和休息设施，为职工提供环境优美的户外空间。

（四）道路绿地设计

道路绿地也是机关单位绿化的重点，它贯穿于机关单位各组成部分之间，起着联系和分隔的作用。道路绿化应该根据道路及绿地宽度，采用行道树及绿化带种植方式。行道树树种不宜繁杂。如果机关单位道路较窄且与建筑物之间空间较小，行道树应该选择观赏性较强、分枝点较低、树冠较小的中小乔木。

（五）附属建筑绿地设计

机关单位的附属建筑绿地主要是指食堂、锅炉房、供变电室、车库、仓库等建筑及围墙内的绿地。对于这些地方，我们需要在不影响使用功能的前提下，进行绿化、美化，对影响环境的地方做到“俗则屏之”，用植物形成隔离带，以阻挡视线，并起到防护隔离和美化的作用。

图 3-3-1 所示为某机关单位周边环境绿化设计图。

图 3-3-1 某机关单位周边环境绿化设计图

学习任务

任务目的

1. 掌握机关单位绿地规划设计的内容和方法。

2. 能够灵活运用各景观元素配置原则进行机关单位绿地规划设计。

3. 能够规范绘制机关单位绿地规划设计的平面图、立面图、效果图。

4. 能够编写机关单位绿地的设计说明书和植物名录。

任务内容与要求

1. 综合运用机关单位绿地设计的相关知识对给定的机关单位绿地项目进行规划设计，呈交一套完整的设计文件（包括设计图纸和设计说明）。

2. 所有图纸的图面要表现力强、线条流畅、构图合理、清洁美观，图例、文字标注、图幅等符合制图规范。

3. 设计说明要语言流畅、言简意赅，能准确地对图纸进行补充说明，体现设计意图。

任务实施

1. 项目分析：做好设计前的准备工作，并调查当地的地形、地质、地貌、气候等自然条件，了解机关单位的位置、特点和工作性质。

2. 收集资料：查阅机关单位绿地设计相关规范，并收集、整理基础图纸等相关资料。

3. 制定方案：做出总体方案初步设计，经过研讨与修改，确定最终的设计方案。

4. 完成设计：依据总体方案绘制设计图纸，包括总平面图、主要景观的立面图、局部效果图等。

5. 编制设计说明书，编写植物名录和其他材料。

模块四

城市公共空间园林规划设计研究

本模块知识架构

- 城市道路绿地规划设计
  - 城市道路绿地概述
  - 城市道路绿地设计
- 城市广场规划设计
  - 城市广场的概念与类型
  - 城市广场规划设计
- 综合公园规划设计
  - 综合公园概述
  - 综合公园规划设计
- 专类公园规划设计
  - 植物园规划设计
  - 动物园规划设计

任务一　城市道路绿地规划设计

学习目标	能力目标	素质目标
1. 了解城市道路绿化的作用和城市道路绿化断面的形式。 2. 了解城市道路绿地栽植类型。 3. 掌握城市道路绿地设计的方法和内容。	1. 能够准确合理地选择城市道路绿化树种。 2. 能够熟练地进行道路绿地设计，并绘制方案设计图。	1. 具有善于观察和分析问题的能力。 2. 具有善于借鉴和应用的能力。 3. 具有严谨的创新精神和求实态度。

知识准备

一、城市道路绿地概述

城市道路是指城市内的道路，即城市中建筑红线之间的用地。城市道路系统是城市的骨架，城市道路绿地是城市道路的重要组成部分，在城市绿化覆盖率中所占比例较大。它以线的形式广泛分布于全城，联系着城市中分散的“点”和“面”的绿地，并与其他绿地共同组成完整的城市园林绿地系统。城市道路绿地在改善城市气候、保护环境、美化市容、丰富城市艺术面貌、组织城市交通等方面都有着积极的意义。

（一）城市道路绿化的作用

1. 组织交通，确保安全

在道路中间设置绿化分隔带，可以减少对向车流之间的互相干扰。在机动车道和非机动车道之间设置绿化分隔带，有利于解决快车、慢车混合行驶的矛盾。在交叉口布置交通岛，常用树木作为吸引视线的标志，可以有效地解决交通拥挤与堵塞的问题。在车行道和人行道之间设置绿化带，可以避免行人横穿马路，保证行人安全，并且可以为行人提供优美的散步环境，同时也有利于提高车速和通行能力。

2. 美化市容市貌

道路绿化可以美化街景，烘托城市建筑艺术，软化建筑的硬线条，同时还可以遮蔽影响市容的地段和建筑，使城市面貌显得更加整洁生动、活泼可爱。如果一个城市没有道路绿化，那么即使它的沿街建筑艺术水平再高、布局再合理，它也会显得索然无味；相反，如果一条普通街道的绿化很有特色，那么这条街道就会被人铭记。由于各种植物的体型、姿态、色彩等有所差别，我们通常在不同的街道选用不同的树种，这样可以形成不同的景观。

很多世界著名城市的优美的街道绿化给人留下了深刻的印象。例如，法国巴黎的七叶树，使街道显得更加庄严、美丽；德国柏林的椴树林荫大道，因欧洲椴树而得名；澳大利亚首都堪培拉处处是草地、花卉和绿树，被人们誉为“花园城”。

我国很多城市的道路也很有特色。例如，郑州、南京用悬铃木做行道树，市内显得浓阴凉爽；江西南昌用樟树做行道树，樟树四季常青，郁郁葱葱；湛江、新会的蒲葵行道树给人们留下了“南国风光”的印象；长春的小青杨行道树在早春把城市点缀得一片嫩绿。

3. 卫生防护

机动车是城市废气、尘土等的主要流动污染源，随着工业化程度的提高，机动车辆增多，对城市环境造成了一定程度的影响。而道路绿地对道路上机动车辆排放的有毒气体具有吸收作用，可以净化空气、减少灰尘。据测定，在绿化良好的道路上，距地面 1.5 米处的空气含尘量比没有绿化的地段的空气含尘量低 56.7%。

城市环境噪声的 70% ~ 80% 来自城市交通，有的街道的噪声达到 100 分贝，而 70 分贝的噪声就对人体十分有害。道路具有一定宽度的绿化带，可以明显减弱噪声 5 ~ 8 分贝。

道路绿化可以调节道路附近的温度、湿度，改善小气候，可以降低风速，降低日光辐射热，还可以降低路面温度，延长道路的使用寿命。

4. 防灾、战备

道路绿化为防灾、战备提供了条件。它有利于伪装、掩蔽。

5. 散步休闲

除了有行道树和各种绿化带以外，城市道路绿地还有大小不同的街道绿地、城市广场绿地、公共建筑前的绿地。这些绿地经常设有园路、广场、坐凳、宣传廊、小型休息建筑等。 有些绿地还设有儿童游戏场，成为市民休闲的好场所。市民可以锻炼身体、散步、休息、看书、陪儿童玩耍、聊天等。这些绿地与大公园不同，距居住区较近，因此利用率很高。

在公园分布较少的地区或在没有庭院绿地的楼房附近，以及在人口居住密度很大的地区，我们都应注重设计街头绿地、广场绿地、公共建筑前的绿地，或者设计林荫路、滨河路，以解决城市公园不足或分布不均衡的问题。

（二）城市道路绿地横断面形式

城市道路横断面是指垂直于城市道路中心线的剖面，它能反映出城市道路的类型和宽度特征。城市道路绿地横断面的布置形式是道路规划设计所采用的主要形式。目前常用的布置形式有一板二带式、二板三带式、三板四带式、四板五带式和其他形式。

1. 一板二带式

一板二带式，即一条车行道、两条绿带。它是道路绿化中最常用的一种形式。其优点是操作简单、用地少、管理方便。但当车行道过宽时，行道树的遮阴效果较差。同时，这种形式也不利于机动车与非机动车混合行驶时的交通管理。如图 4-1-1 所示。

图 4-1-1 一板二带式

2. 二板三带式

二板三带式，即两条车行道、三条绿带。这种形式是用一条绿带将车行道分成单向行使的两条车行道，道路两侧各布置一条行道树绿带。这种形式适用于机动车多、夜间交通量大、非机动车少的道路。其优点是解决了对向车流相互干扰的矛盾，且绿带数量较大，生态效益较显著，景观较好。其缺点是仍未解决机动车与非机动车混合行驶时的安全隐患问题。如图 4-1-2 所示。

图 4-1-2 二板三带式

3. 三板四带式

三板四带式是利用两条分隔带把车行道分成三条，中间为机动车道，两侧为非机动车道，连同车行道两侧的行道树共有四条绿化带。此种形式占地面积较大，却是城市道路绿化较理想的形式。这种形式绿化量大，夏季遮阴效果好，组织交通方便，安全可靠，便于行人过街，利于夜间行车，解决了各种车辆混合行驶时互相干扰的矛盾。这种形式尤其适合在机动车、非机动车流量较大的区域使用。如图 4-1-3 所示。

图 4-1-3　三板四带式

4. 四板五带式

四板五带式是利用三条分隔带将车道分为四条，共有五条绿化带，机动车与非机动车均各行其道，互不干扰。这就保证了行车速度和行车安全，如图 4-1-4 所示。但其用地面积较大，建设投资高。若城市交通较繁忙，而用地又比较紧张，则可以用栏杆或隔离墩分隔，以便节约用地。

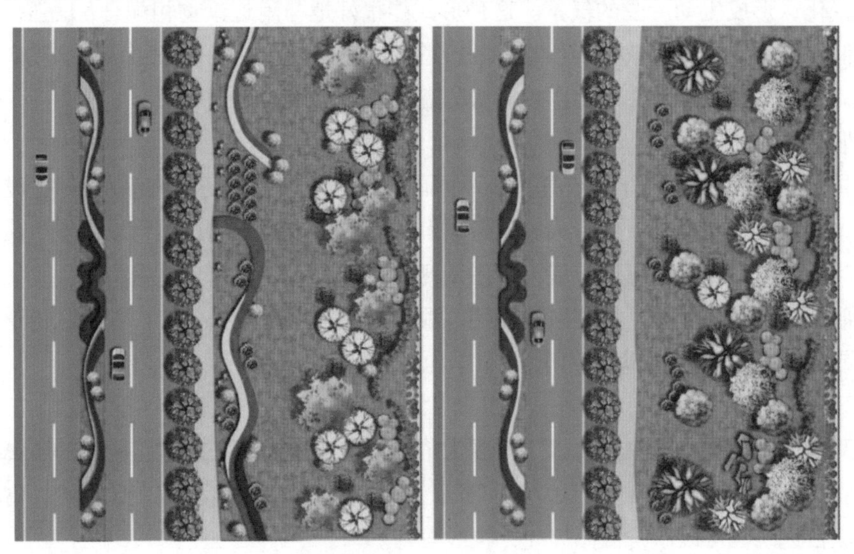

图 4-1-4　四板五带式

5. 其他形式

根据道路所处的地理位置、环境条件等，因地制宜地设置绿带，从而形成许多特殊的道路横断面设计形式，如山坡道和滨河林荫路等。

选择道路绿化形式时，我们务必要从实际出发，不能片面追求形式、讲求气派。尤其在街道狭窄、交通量大的情况下，我们应该考虑对行人的庇荫和树木生长对日照条件的要求，不能以减少车行道数目为代价来片面追求整齐对称。如果街道上不能种植行道树，可以采取特殊的绿化方式，如摆设盆栽植物、进行垂直绿化等。

（三）城市道路绿化的类型

道路绿地是道路环境中的重要景观元素。道路绿地的带状或块状绿化的“线”可以使城市绿地连成一个整体，可以美化街景，衬托和改善城市面貌。因此，道路绿地形式直接关系到人们对城市的印象。现代化大城市有很多不同性质的道路，道路绿地的形式、类型多种多样。根据不同的栽植目的，道路绿化可以分为景观栽植与功能栽植两大类。

1. 景观栽植

景观栽植从道路环境的美学观点出发，从树种、树形、栽植方式等方面来研究绿化与道路、建筑协调的整体艺术效果，使绿地成为道路环境的有机组成部分。景观栽植主要是从绿地的景观角度考虑栽植形式，主要分为以下五种类型。

（1）密林式栽植

沿路两侧浓密的树林主要由乔木、灌木、常绿树和地被构成，封闭了道路，使道路两侧景物不容易被看到。道路具有明确的方向性。夏季绿荫覆盖，凉爽宜人。这种形式一般用于城乡交界处。沿路植树要有相当的宽度，宽度一般为 50 米以上。

（2）自然式栽植

自然式栽植主要是模拟自然景色，比较自由，主要由环境、地形等因素来决定。我们沿街在一定宽度内布置自然树丛，树丛由不同种类的植物组成，具有高低、浓淡、疏密的变化和各种形体的变化，形成生动活泼的气氛。这种形式能很好地与附近景物相配合，增强街道的空间变化感，但在夏季，其遮阴效果不如整齐的行道树的遮阴效果。我们在路口处、拐弯处的一定距离内要减少或不种植灌木，以免影响司机的视线。

（3）花园式栽植

花园式栽植是指沿道路外侧布置大小不同的绿化空间（有广场、有绿荫），并设置必要的园林设施，如花架、园椅等，供行人和附近居民休息或散步时所用，也可以设置少量的停车位或儿童游戏场所。道路绿地可以分段与周围的绿化相结合。在城市建筑密集、缺少绿地的情况下，这种形式可以在商业区、居住区内使用。我们可以在用地紧张、人口稠密的街道旁多布置孤立乔木或绿荫广场，以弥补城市绿地分布不均的不足。

（4）田园式栽植

道路两侧的园林植物都在视线以下，多为草坪，空间全面敞开。道路两侧的园林植物在郊区直接与农田、菜田相连，在城市边缘与果园、苗圃相邻。这种形式开朗、自然，富有乡土气息。人们极目远眺，可以欣赏田园风光，视线较好。

（5）滨河式栽植

道路的一面临水，空间开阔，环境优美。滨河绿地是市民休息游憩的良好场所。树木成行栽植，岸边设置栏杆，树间设置座椅，供游人休息。如果水面开阔、沿岸风景优美、对岸风景点较多，沿水边就应该设置较为宽阔的绿地，布置游人步道、草坪、花坛、园椅等。游人步道应该尽可能地靠近水边，或设置小型广场和临水平台，以满足人们的观景要求。

2. 功能栽植

功能栽植是指在道路用地范围内或道路旁为达到某种需要而进行的绿化栽植。一般这种绿化形式都有明确的目的，如遮蔽、遮阴、装饰、防风、防噪声、防火、防雪等。功能栽植的类型主要有以下五种。

（1）遮蔽式栽植

遮蔽式栽植是指根据需要把视线的某一个方向加以遮挡，以避免见其全貌。街道某一处景观不好，则需要遮挡。城市的挡土墙或其他构筑物影响道路景观时，我们需要栽植一些树木或攀缘植物加以遮挡。

（2）遮阴式栽植

我国许多地区夏季比较炎热，街道上的温度也很高，因此人们对遮阴树的栽植十分重视。遮阴树的栽植对改善道路环境具有重要作用，其夏天的降温效果是显著的。（见图 4-1-5）

图 4-1-5 遮阴式栽植

（3）装饰栽植

装饰栽植可以用在建筑用地周围或道路绿化带、分隔带两侧。它的功能是作为界限的标志，防止行人穿过、调节通风、防尘、调节局部日照等。

（4）地被栽植

地被栽植是指用地被植物覆盖地表面，如草坪等，可以防尘、防土，防止雨水对地面的冲刷，在北方还有防冰冻的作用。同时，由于地表面性质的改变，地被栽植对小气候也有缓和作用。 地被的宜人绿色可以改善道路环境，美化街景，同时可以防止眩光。

（5）其他栽植

其他栽植有防风栽植、防雪栽植、防噪音栽植等。

二、城市道路绿地设计

（一）行道树绿带设计

行道树绿带是有规律地在道路两侧种植一行或几行用以遮阴的乔木而形成的绿带，是街道绿化最基本的组成部分和最普遍的形式。

1. 行道树种植方式

行道树种植方式有很多种，常用的方式有树带式和树池式。

（1）树带式

树带式是指在人行道和车行道之间留出一条不加铺装的种植带。种植带的宽度视具体情况而定。种植带的宽度一般不小于1.5米。当种植带较宽时，可以种植两行或多行乔木。种植带可以铺设草皮，以维护清洁，但要留出铺装过道，以便人流通行或汽车停站。这种形式整齐壮观，效果良好。与我国经济的发展和对城市绿化的重视相适应，宽5米左右的种植带在我国比较合适，可以种植乔木、灌木，从而与绿篱、草坪相互搭配。（见图4-1-6）

图4-1-6　树带式

（2）树池式

它是指在人行道上设计几何形的种植池，用来种植行道树，经常用于人流量大或路面狭窄的街道上。树池形状一般为正方形、长方形、圆形。正方形树池以1.5米×1.5米较合适，长方形树池以1.2米×2米为宜，圆形树池以直径不小于1.5米为宜。行道树的栽植点位于几何形的中心，池边缘一般高出人行道8至10厘米，以避免行人践踏。如果树池略低于路面，我们应该添加与路面同高的池墙，最好在上面添加透空的池盖。这样可以增加人行道的宽度，可以避免践踏，同时还可以使雨水渗入池内。池墙可以用铸铁或钢筋混凝土做成，应该简单大方、坚固、方便。池盖可以用金属或钢筋混凝土制造，由两扇合成，以便在松土和清除杂物时取出。（见图 4-1-7）

图 4-1-7　树池式

2. 行道树树种选择

行道树的生长环境和生长条件很差。在日照、通风、水分和土壤等方面，行道树的生长环境与其他园林中生长的树木的生长环境具有很大的差距。除了辐射温度高、空间干燥、汽车尾气污染以外，行道树还会受到人为和机械的损伤，以及地下各种管网线路的限制。这些因素都会影响行道树正常的生长和发育。因此，我们应该按照以下标准来选择行道树树种。

第一，能适应城市的生态环境，对病虫害有较强的抵抗力，苗木来源容易，成活率高。

第二，树龄长，树姿端正，树形优美，冠大荫浓，花朵艳丽，芳香馥郁，春季发芽早，秋季落叶迟，季相变化明显。

第三，不含污染性花果，无臭味，无毒，无飞絮。

第四，管理粗放，对土壤、水分、肥料等要求不高。

第五，生长迅速，愈合能力强，寿命长，耐修剪。

我国地域辽阔，地形和气候差异大，植被分布类型也明显不同，因此，各城市应选择在本地区生长最好的树种作为行道树。例如，哈尔滨市常用的行道树树种有旱柳、银中杨、红皮云杉、水曲柳、垂枝榆、黑皮油松、丁香等。

3. 行道树定干高度

行道树的定干高度应根据功能要求、交通状况、道路性质、道路宽度，以及行道树与车行道的距离和树木分级等来确定。在交通干道上栽植行道树时，我们要考虑车辆通行时的净空高度要求，为公共交通提供靠边停驶、接送乘客的方便，定干高度不宜小于 3.5 米。通行双层大巴的交通街道的行道树的定干高度还应该相应地提高。

在非机动车道和人行道之间栽植行道树时，我们要考虑行人来往通行的需要，定干高度不宜小于 2.5 米。

（二）分车绿带设计

分车绿带是指在车辆行驶的路面上设置的划分车辆运行路线的绿带。（见图 4-1-8）

图 4-1-8 分车绿带

1. 分车绿带的类型

分车绿带可以分为中间分车绿带和两侧分车绿带。位于上下行机动车道之间的为中间分车绿带；位于机动车道与非机动车道之间或同方向机动车道之间的为两侧分车绿带。

2. 分车绿带的植物种植方式

（1）封闭式种植

封闭式种植是指在分车带上种植绿篱或密植花灌木，以植物封闭分车带。这种方式可以起到绿色隔墙的作用，可以阻挡行人穿越。封闭式种植方式适合于中间分车绿带和车速较快的交通干道的两侧分车绿带。

（2）开敞式种植

开敞式种植是指在分车绿带上种植草皮、花卉、低矮灌木或高干大乔木，以达到开朗、通透的效果。开敞式种植方式适合于机动车道与非机动车道之间的两侧分车绿带。

3. 分车绿带设计要点

分车绿带配置的植物应该形式简洁、树形整齐、排列一致。乔木树干中心至机动车道路缘石外侧的距离不宜小于 0.75 米。

中间分车绿带应该阻挡相向行驶车辆夜间行驶时的眩光，在距相邻机动车道路面高度 0.6 至 1.5 米的范围内，配置枝叶茂密的常绿灌木。其株距不得大于冠幅的 5 倍。

两侧分车绿带的宽度大于或等于 1.5 米时，两侧分车绿带应以种植乔木为主，也可以将乔木、灌木、地被植物结合起来种植。宽度小于 1.5 米的分车绿带应以种植灌木为主，也可以将灌木、地被植物结合起来种植。

被人行横道或道路出入口断开的分车绿带的端部应该采取通透式栽植的方式，使行人和司机能有较好的视线，从而保证交通安全。

（三）交叉路口、交通岛绿地设计

1. 交叉路口绿地设计

交叉路口是两条或两条以上道路相交之处，是交通的“咽喉”“隘口”。在设计交叉路口绿地时，我们需要先调查其地形、环境的特点，并了解“安全视距”及相关符号。安全视距是行车司机发觉对方来车，立即刹车并恰好能安全停车的距离。为了保证行车安全，道路交叉路口转弯处必须空出一定的距离，使司机在这段距离内能够看到对面或侧方来的车辆，使司机有充足的刹车时间和停车时间，不致发生撞车事故。根据两条相交道路的两个最短视距，可以在交叉路口平面图上绘出一个三角形，称为视距三角形。此三角形内不能有建筑物、构筑物、广告牌和树木等遮挡司机视线的地面物。在视距三角形内布置植物时，其高度不得超过 0.7 米。视距三角形内宜选用矮灌木、丛生花草。

2. 交通岛绿地设计

交通岛，俗称转盘，设在道路交叉口处。交通岛主要为了组织环形交通，使驶入交叉口的车辆一律绕岛做逆时针单向行驶。交通岛一般被设计为圆形，其直径必须保证车辆能按一定速度以交织的方式行驶。由于受到环道上交织能力的限制，交通岛多设在车流量大的主干道或非机动车众多、行人众多的交叉口。我国大中型城市所采用的圆形交通岛的直径一般为 40 至 60 米，一般城镇的交通岛的直径也不能小于 20 米。我们不能在交通岛布置供行人休息的小游园或吸引游人的美丽花坛，可以用低矮的常绿灌木组成简单的图案花坛，切忌用常绿小乔木或大灌木，以免影响视线。交通岛虽然也能构成绿岛，但比较简单，与大型的交通广场或街心游园不同，且必须封闭。（见图 4-1-9）

图 4-1-9 交通岛绿地设计

（四）防护与基础绿带景观设计

当街道具有一定的宽度时，人行道绿带也就相应地得到加宽，这时，人行道绿带上除布置行道树外，还有一定宽度的地方可供绿化，这就是防护绿带。若绿带与建筑相连，则称为基础绿带。一般来说，宽度小于5米时，防护绿带均称为基础绿带；宽度大于10米的，可以布置成花园林荫路。

为了保证车辆在车行道上行驶时车中人的视线不被绿带遮挡，使车中人能够看到人行道上的行人和建筑，在人行道绿带上种植的树木必须保持一定的株距，以保证树木生长有足够的营养面积。一般来说，为了防止人行道上绿带对视线的影响，树木的株距不应小于树冠直径的2倍。

防护绿带宽度在2.5米以上时，我们可以考虑种植一行乔木和一行灌木；宽度大于6米时，我们可以考虑种植两行乔木，或者将大小乔木、灌木以复层方式种植；宽度在10米以上时，种植方式可以多样化。

基础绿带的主要作用是保护建筑内部的环境和人的活动不受外界的干扰。基础绿带内可以种植灌木、绿篱和攀缘植物以美化建筑物。在种植时，我们一定要保证植物与建筑物的最小距离，保证室内的通风和采光。

在设计人行道绿带时，我们要考虑绿带宽度、街景等因素，还应该综合考虑园林艺术和建筑艺术的统一。人行道绿带是一条狭长的绿地，其下面往往铺设若干条与道路平行的管线，我们要在管线之间留出种树的位置。由于这些条件的限制，成行成排地种植乔木和灌木就成为人行道绿化的主要形式。它的变化体现在乔灌木的搭配、前后层次的处理，以及单株与丛植交替种植的韵律上。为了使街道绿化整齐统一，同时又能够使人感到自由、活泼，我们在设计人行道绿带时宜采用规则与自然相结合的形式。

（五）花园林荫道设计

花园林荫道是指那些与道路平行且具有一定宽度的带状绿地，也可称为街头休息绿地。林荫道利用植物与车行道隔开，其内部的不同地段常被开辟出各种不同的休息场地，并有简单的园林设施，供行人和附近居民做短时间休息用。在城镇绿地不足的情况下，林荫道可以起到小游园的作用。它扩大了群众活动的场地，同时增加了城市绿地面积，对改善城市小气候、组织交通、丰富城市街景起到了较大的作用，例如北京正义路林荫道、上海肇家滨林荫道、西安大庆路林荫道等。

1. 花园林荫道的类型

（1）设在街道中间的花园林荫道

两边为上下行的车行道，中间有一定宽度的绿化带，这种类型较为常见，如北京正义路林荫道、上海肇家滨林荫道等。这种类型的花园林荫道主要供行人和附近居民做暂时休息用。这种类型多在交通量不大的情况下采用，出入口不宜过多。

（2）设在街道一侧的花园林荫道

由于林荫道设立在道路的一侧，减少了行人与车行道的交叉，我们在交通比较繁忙的街道上多采用此种类型，往往也根据地形情况来确定是否采用此种类型。例如，当遇到傍山、一侧滨河的地形或有起伏的地形时，我们可以利用借景将山、林、河、湖组织在内，创造出更加安静的休息环境。

（3）设在街道两侧的花园林荫道

设在街道两侧的花园林荫道与人行道相连。这可以使附近居民不用穿过道路就可以到达林荫道。这种类型的花园林荫道既安静，又方便使用。此类花园林荫道占地过大，目前使用较少。

2. 花园林荫道规划设计要点

（1）设置游步道

游步道的数量要根据具体的情况而定。一般宽约为 8 米的林荫道，设一条游步道；宽在 8 米以上的林荫道，以设两条以上的游步道为宜。

（2）设置绿色屏障

车行道与花园林荫道之间要有由浓密的绿篱和高大的乔木组成的绿色屏障，立面上布置成外高内低的形式较好。

（3）设置建筑小品

除布置游憩小路外，花园林荫道还可设置小型儿童游乐场、休息座椅、花坛、喷泉、阅报栏、花架等建筑小品。

（4）留有出口

花园林荫道可以在长 75 至 100 米处分段设立出入口。人流量大的人行道、大型建筑前应设立出入口。花园林荫道两端出入口处可加宽游步道或设小广场，形成开敞的空间。出入口应具有特色，以增加绿化效果。

（5）植物丰富多彩

花园林荫道应形成复层混交林结构，利用绿篱植物、宿根花卉、草本植物形成大色块的绿地景观。在花园林荫道总面积中，道路广场不宜超过 25%，乔木占 30% 至 40%，灌木占 20% 至 25%，草地占 10% 至 20%，花卉占 2% 至 5%。南方天气炎热，需要更多的绿荫，因此常绿树占地面积较大。而在北方，落叶树占地面积较大。

（6）因地制宜

花园林荫道要因地制宜，形成特色景观。例如，利用缓坡地形，可以形成纵向景观视廊和侧向植被景观层次；利用大面积的平缓地段，可以形成以大面积的缀花草坪为主，配以树丛、树群与孤植树等的开阔景观；宽度较大的林荫道宜采用自然式布置方式，宽度较小的林荫道宜采用规则式布置方式。

（六）滨河路绿地设计

滨河路是城市中临河流、湖沼、海岸等水体的道路。它一面临水，空间开阔，环境优美，是人们游憩的地方。滨河路如果有良好的绿化，可以吸引大量的游人。特别是在夏日的傍晚，滨河路是人们散步和纳凉的胜地，其作用不亚于风景区和公园绿地的作用。

一般来说，滨河路的一侧是城市建筑，我们可以在建筑和水体之间设置道路绿带。如果水面不是十分宽阔，对岸又无风景，滨河路可以布置得较为简单，除车行道和人行道外，临水一侧可以修筑游步道，树木可以种植成行。如果对岸风景点较多，沿水边就应当设置较宽的绿带，布置游步道、草地、花坛、座椅等园林设施。游步道应该尽量靠近水边，以满足人们的散步需要。我们可以在观看风景的地方设计小型广场或平台，以供人们凭栏远眺或摄影。在水位较低的地方，我们可以凭借地势设计两层平台。在水位较稳定的地方，驳岸应该尽可能砌筑得低矮一些，以满足人们的亲水感。

在具有天然坡岸的地方，我们可以采用自然式的方法布置游步道和树木，凡未铺装的地面都应种植灌木或铺栽草皮。如在草坪上配置山石，则更显自然。这样的地方应设计为滨河公园。（见图 4-1-10）

图 4-1-10 滨河路绿地

滨河路绿地的游步道与车行道之间要尽可能地用绿化隔离开来，以保证游人的安全。滨河路的绿化一般比较开阔，以草坪为主，乔木种得比较稀疏，开阔的草地上常点缀修剪成形的常绿树和花灌木。有的还把砌筑的驳岸与花池结合起来，种植形式多样的花卉和灌木。

（七）高速公路绿地规划设计

高速公路是指全封闭、多车道、具有中央分隔带、立体交叉、集中管理、控制出入、安全服务设施配套齐全、专供机动车高速行驶的现代化公路。根据位置和功能的不同，高速公路绿化可以分为公路绿化、服务区绿化、互通区绿化三个部分。其中，公路绿化包括中央隔离带绿化、边坡绿化和高速公路两侧绿地绿化等。

1. 中央隔离带绿化

中央隔离带主要是为了防止车灯眩光干扰，减轻车辆接近时司机心理上的危险感，减轻司机因行车引起的精神疲劳。另外，中央隔离带还有引导视线和改善公路景观的作用。其宽度一般为 1 至 4.5 米。中央隔离带内可以种植花灌木、草皮、绿篱和矮生的整形常绿树等，较宽的隔离带内还可以种植一些自然的树丛。在行车的过程中，树木投射到车道上的斑驳的树影会影响高速行进中司机的视线。因此，隔离带内一般不适宜种植成行的大乔木。

2. 边坡绿化

边坡是高速公路中对路面起支持、保护作用的有一定坡度的区域。除了要达到美化效果以外，边坡还应与工程防护结合起来，起到固坡、防止水土流失的作用。因此，在设计时，我们可以选择固土性好、成活率高、生长快、耐干旱、耐粗放管理的植物。对于较矮的土质边坡，我们可以结合路基种植低矮的花灌木、草坪或栽植匍匐类的植物；对于较高的土质边坡，我们可以用三维网种植草坪；对于石质边坡，我们可以用地锦类植物进行绿化。

3. 高速公路两侧绿地绿化

高速公路两侧绿化带是指高速公路两侧边沟以外的绿化带。其宽度不一，一般要求为 20 至 30 米。路旁安全地带可以种植树木、花卉和绿篱，形成垂直方向上郁闭的景观，但大乔木距路面要有足够的距离，树影不能投射到车道上。如两侧有自然的山林景观、田园景观、湿地景观、水体景观等，我们可以在适当的路段种植低矮的花灌木，视线相对通透，这可以使司机领略到沿路的多样风光。所选择的树种要具有多样性、生长年限长、管理粗放等特点。如图 4-1-11 所示。

图 4-1-11　高速公路两侧绿地绿化

4. 服务区绿化

高速公路上一般每 50 千米左右设一个服务区，供司机和乘客休息。服务区有减速道、加速道、停车场、加油站、汽车修理厂、餐饮店、小卖店、厕所等。服务区的绿化必须配合各种设施进行，我们可以用花坛、树池等将场地划分出不同的车辆停放处。餐饮店、小卖部内视线所及处的绿化应该做重点处理。

5. 互通区绿化

互通区是由公路盘旋交叉所围成的开阔空间。在互通区大环的中心地段，在不影响视距的范围内，我们可以设计稳定的树群，可以将常绿树与落叶树，以及乔木与花灌木搭配起来进行配置，创造良好的自然群落景观。

高速公路的平面线型有一定的要求，一般直线距离不应大于 24 千米。在直线下坡拐弯的路段，我们应当在外侧种植树木，以增加司机的安全感。

路肩是作为临时停车用的，不能种植树木。

三 学习任务

任务目的

1. 掌握城市道路绿地规划设计的内容和方法。

2. 能够灵活运用各景观元素配置原则进行城市道路绿地规划设计。

3. 能够规范绘制城市道路绿地规划设计的平面图、立面图、效果图。

4. 能够编写城市道路绿地的设计说明书和植物名录。

任务内容与要求

1. 图 4-1-12 所示为某城市道路的现状图，要求根据城市道路绿地设计的相关知识，在充分满足功能要求、安全要求和景观要求的前提下，按照图纸尺寸完成道路绿地设计。

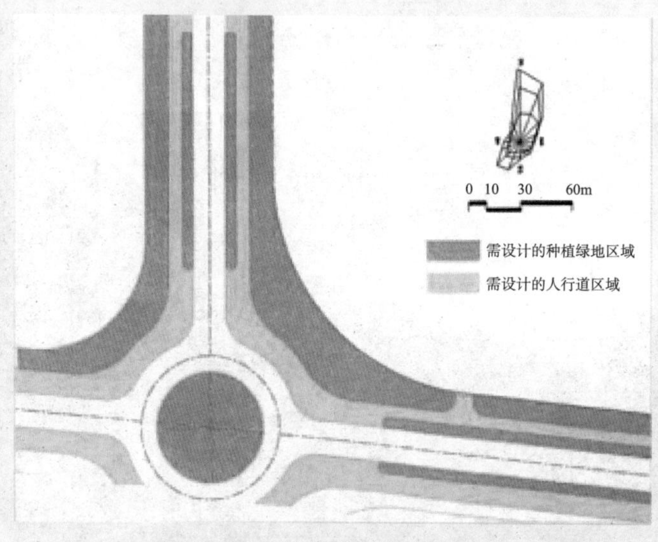

图 4-1-12　某城市道路的现状图

2. 所有图纸的图面要求表现力强、线条流畅、构图合理、清洁美观，图例、文字标注、图幅等符合制图规范。

3. 设计说明要求语言流畅、言简意赅，能准确地对图纸进行补充说明，体现设计意图。

任务实施

1. 进行现场调查，包括基地现状调查、环境条件调查和设计条件调查。

2. 编制道路绿地设计任务书，设计任务书中包括项目背景、规划设计范围、项目组织、规划设计的主要内容和规划设计成果。

3. 绘制城市道路景观规划设计总平面图，总平面图中包括功能分区、园路、植物种植、硬质铺装、比例尺、指北针、图例、尺寸标注、文字标注等。

4. 绘制城市道路绿地景观局部详细设计图，包括剖立面图、局部节点详图、效果图。

5. 编制设计说明书，设计说明书中应包括现状条件分析、规划原则、总体构思、总体布局、空间组织、景观特色要求、竖向规划、主要经济技术指标。

6. 编制植物名录，包括使用或涉及的植物的图例、名称、规格、数量等。

任务二　城市广场规划设计

学习目标	能力目标	素质目标
1. 了解城市广场的特点和类型。 2. 理解城市广场规划设计的基本原则。 3. 掌握城市广场的设计方法和设计要点。	1. 能够结合实际，分析城市广场绿地的组成要素及其各自的设计要点。 2. 能够根据城市广场绿地的风格和性质，进行广场的规划设计。 3. 能够绘制相应的平面图和效果图，同时能够进行广场设计方案的评赏。	1. 具有善于观察和分析问题的能力。 2. 具有善于借鉴和应用的能力。 3. 具有严谨的创新精神和求实的态度。

知识准备

现代城市广场是现代城市开放空间体系中最具公共性、最具艺术性、最具活力、最能体现都市文化和文明的开放空间。它是大众群体聚集的大型场所，也是人们进行户外活动的重要场所。规划设计现代城市广场是点缀、创造优美城市景观的重要手段。从某种意义上说，现代城市广场体现了一个城市的风貌和灵魂，展示了现代城市的生活模式和社会文化内涵。现代城市广场是现代城市开放空间体系中的“闪光点”，它具有主题明确、功能综合、空间多样等特点，备受现代都市人的青睐。

一、城市广场的概念与类型

（一）城市广场的概念

城市广场的产生和发展经历了漫长的过程，它随着城市的发展而发展，城市广场的发展是城市发展的集中表现。城市广场的概念也是不断发展的。

从广场的功能方面来看，广场是由城市功能上的要求而设置的供人们活动的空间。城市广场通常是城市居民社会活动的中心，广场上可以组织集会、组织居民游览休息、组织商业贸易的交流等。

从场所内容方面来看，广场是指城市中由建筑、道路或绿化地带围绕而成的开敞空间，是城市公众社区生活的中心。广场又是集中反映城市历史文化和艺术面貌的建筑空间。

城市广场的概念是随着人们需求和文明程度的发展而变化的，我们认为，城市广场是以城市历史文化为背景，以城市道路为纽带，由建筑、道路、植物、水体、地形等围合而成的城市开敞空间，是经过艺术加工的多景观、多效益的城市社会生活场所。

（二）城市广场的特点

城市广场已经成为现代人户外活动最重要的场所之一。同时，城市广场也改善了城市环境，带来了多种效益，成为城市精神文明的窗口。在现代社会背景下，城市广场应该具备以下特点。

1. 性质上的公共性

城市广场作为城市居民的主要室外活动空间，必须具有公共性的特点。城市广场扩大了人们的生活空间，改善了人们的生活环境。现代城市生活的快节奏使人产生压抑感，降低了生活质量，而适当地规划建设广场调节了这种气氛。随着现代文明的发展，人们逐渐抛弃传统封闭的文化习俗，越来越喜欢丰富多彩的户外活动。无论在性别、年龄和身份等方面有何差异，人们都可以在开放的空间里游憩和交流。

2. 功能上的综合性

功能上的综合性表现在多类人群的多种活动需求方面。现代城市广场应该满足现代人开展多种户外活动的功能要求，如聚会、晨练、歌舞表演、休闲购物等。

3. 空间场所上的多样性

功能上的综合性，必然要求空间场所具有多样性的特点。现代城市广场应创造高质量、高品位、多层次、多功能、多景观和多情趣的空间环境，为人们提供不同的场所，满足人们不同的精神需要。这是现代城市广场最主要的特色。例如，歌舞表演需要舞台和观众席；情侣约会需要相对安静的私密空间；儿童游戏需要相对独立的开敞空间等。

4. 文化休闲性

城市广场作为城市的“客厅”，是反映现代城市居民生活方式的“窗口”，注重舒适、追求放松是人们对现代城市广场的普遍要求。这表现出了城市广场休闲性的特点。广场上精美的铺地、舒适的座椅、精巧的建筑小品加上丰富的绿化，让人们徜徉其间、流连忘返，人们忘却了工作和生活中的烦恼，尽情地欣赏美景、享受生活。

现代城市广场是现代人开放型文化意识的展示场所，是自我价值实现的舞台。特别是文化广场，除了有组织的演出活动以外，更多的是自发的、自娱自乐的行为。它体现了广场文化的开放性，满足了现代人参加表演活动的“被人看”和“人看人”的心理表现欲望。在国外，我们常见到自娱自乐的演奏者、悠然自得的自我表演者，他们很好地提升了广场的活动气氛。我国城市广场中单独的自我表演不多，但自发的群体表演却很盛行，如活跃在城市广场上的“老年合唱团”“曲艺表演组”“秧歌队”等。

（三）城市广场的类型

现代城市广场的类型通常是根据广场的功能性质、平面组合和剖面形式等来划分的。其中最为常见的是根据广场的功能性质来进行分类。

1. 市政广场

市政广场一般位于城市的中心位置，通常是市政府、城市行政区中心、老行政区中心和旧行政厅所在地。它往往布置在城市主轴线上，成为一个城市的象征。在市政广场上，常有体现该城市特点或代表该城市形象的重要建筑物或大型雕塑等。

市政广场具有以下几个特点。

第一，市政广场具有良好的可达性和流通性，车流量较大。为了合理、有效地解决好人流、车流问题，市政广场有时采用立体交通方式，如地面层安排步行区，地下安排行车、停车等，实现人车分流。

第二，市政广场一般面积较大，为了让大量的人群在广场上有自由活动、庆祝节日的空间，一般多以硬质材料铺装为主，如北京天安门广场、俄罗斯莫斯科红场（见图4-2-1）等。有的市政广场以软质材料绿化为主，如美国华盛顿市中心广场，整个广场如同一个大型公园，配以坐凳等小品，把人引入绿化环境中去休闲、游赏。

图4-2-1　俄罗斯莫斯科红场

第三，市政广场的布局形式一般较有规则，甚至是中轴对称的。标志性建筑物常位于轴线上，其他建筑及小品对称布局或对应布局。广场中一般不安排娱乐性、商业性很强的设施和建筑，以增强广场稳重、庄严的气氛。

2. 纪念广场

城市纪念广场的题材非常广泛，涉及面很广。城市纪念广场可以是纪念人物的，也可以是纪念事件的。通常来说，广场中心或轴线以纪念雕塑（雕像）、纪念碑（柱）、纪念建筑或其他形式的纪念物为标志，主体标志物应位于整个广场构图的中心位置。纪念广场有时也与政治广场、集会广场合并设置，如北京天安门广场。

纪念广场的大小没有严格的限制，只要能达到纪念效果即可。因为纪念广场通常要容纳众人举行纪念活动，所以广场应具有相对完整的硬质铺装地，而且广场本身应成为纪念性雕塑或纪念碑底座的有机组成部分，例如哈尔滨防洪纪念塔广场（图 4-2-2）、上海鲁迅墓广场等。

图 4-2-2　哈尔滨防洪纪念塔广场

纪念广场应远离商业区、娱乐区等，严禁交通车辆在广场内穿越，以避免对广场造成干扰，突出严肃深刻的文化内涵和纪念主题。宁静和谐的环境气氛会使广场的纪念效果大大增强。纪念广场一般保存时间很长，因此，纪念广场的选址和设计都应与城市总体规划紧密结合起来。

3. 交通广场

交通广场的主要目的是有效地组织城市交通，包括人流、车流等。交通广场是城市交通体系的有机组成部分。它是连接交通的枢纽，起到集散、联系、过渡的作用。交通广场通常分为两类：一类是城市内外交通会合处，主要起到交通转换的作用，如火车站、长途汽车站站前广场，即站前交通广场；另一类是城市干道交叉口处的交通广场，即环岛交通广场。

站前交通广场是城市对外交通转换地或城市区域间交通转换地，广场的规模与转换交通量有关，包括机动车流量、非机动车流量、人流量等。站前交通广场要有足够的行车面积、停车面积和行人活动场地。对外交通的站前交通广场往往是一个城市的入口，其位置一般比较重要，很可能是一个城市或城市区域的轴线端点。站前交通广场的空间形态应尽量与周围环境相协调，体现城市的风貌，使过往旅客使用舒适、印象深刻。

环岛交通广场地处道路交汇处，尤其是四条以上的道路的交汇处，以圆形居多。三条道路交汇处常常呈三角形（顶端抹角）。环岛交通广场具有重要位置，通常处于城市的轴线上，是城市景观、城市风貌的重要组成部分。环岛交通广场一般以绿化为主，应有利于交通的组织和司乘人员的动态观赏。环岛交通广场上往往还设有城市标志性建筑或小品（喷泉、雕塑等）。例如，我国西安市的钟楼（见图 4-2-3）、法国巴黎的凯旋门都是环岛交通广场上的重要标志性建筑。

图 4-2-3　西安市钟楼

4. 休闲广场

在现代社会中，休闲广场已经成为广大市民最喜爱的户外活动空间。它是供市民休息、娱乐、游玩、交流的重要场所，其位置常常选择在人口较密集的地方，如街道旁、市中心区、商业区，以方便市民使用。休闲广场的布局不像市政广场和纪念广场那样严肃，往往灵活多变，空间多样自由。休闲广场的布局一般与环境紧密结合起来。休闲广场的规模可大可小，没有具体的规定，主要根据环境来确定。

休闲广场以让人放松、愉快为目的，因此广场尺度、空间形态、环境小品、绿化、休闲设施等都应该符合人的行为规律和人体尺度要求。休闲广场的整体主题是不确定的，休闲广场甚至没有明确的中心主题，但每个小空间环境的主题、功能是明确的，每个小空间的联系是紧密的。总之，休闲广场让人舒适方便、乐在其中。

5. 文化广场

文化广场为了展示城市深厚的文化积淀和悠久的历史，将文化和历史以多种形式集中地表现出来。因此，文化广场应该具有明确的主题。这与休闲广场无明确主题正好相反。文化广场可以说是城市的室外文化展览馆。一个好的文化广场应该让人们在休闲中了解该城市的文化渊源，从而达到增强热爱城市的意识、激发上进精神的目的。

文化广场的选址没有固定的模式。文化广场一般建在交通比较便利、人口相对稠密的地段。我们可以结合公共绿地进行选址，甚至可以结合旧城改造进行选址。文化广场的规划设计不像纪念广场那样严谨，文化广场不一定有明显的中轴线。我们可以完全根据场地环境、表现内容和城市布局等因素进行灵活设计。例如，邯郸市学步桥广场设置了“邯郸学步”景区、“典故小品”景区、“成语石刻”景区和“望桥亭”景区，在构思上以古赵文化为主线，以学步桥为中心，挖掘历史，展现古赵文化的丰富内涵，并将成语典故、民间传说和重要历史事件融入其中，从而烘托文化氛围、延伸意境（见图 4-2-4）。

图 4-2-4　邯郸市学步桥广场

6. 商业广场

商业功能可以说是城市广场最古老的功能，商业广场是城市广场最古老的类型。商业广场的空间形态和规划布局没有固定的模式。我们总是根据城市道路、人流、物流、建筑环境等因素进行设计。但是，商业广场必须与其环境相融合，与其功能相符合，同时商业广场应当充分考虑人们购物休闲的需要。商业广场可以创造交往空间，布置休息设施，进行适当的绿化。

商业广场是为商业活动提供综合服务的功能场所。传统的商业广场一般位于城市商业街或商业中心区，而当今的商业广场通常与城市商业步行系统相融合，有时是商业中心的核心，如上海市南京路步行街中的广场（见图 4-2-5）。此外，还有集市性的露天商业广场，这类商业广场的功能分区是很重要的，这类商业广场一般将同类商品的摊位、摊点相对集中地布置在一个功能区内。

图 4-2-5　上海市南京路步行街中的广场

7. 古迹广场

古迹广场是结合城市的古迹保护和利用而设的城市广场，生动地体现了一个城市的古老文明程度。我们可以根据古迹的体量高矮，结合城市改造和城市规划的要求来确定其面积大小。古迹广场是表现古迹的舞台，因此其规划设计应从古迹出发。如果古迹是一幢古建筑，如古城楼、古城门等，则应在有效组织交通的同时，让人们在广场上逗留时能多角度地欣赏古建筑。人们登上古建筑时，又能很好地俯视广场全景和城市景观。

二、城市广场规划设计

（一）城市广场规划设计原则

1. 系统性原则

现代城市广场是城市开放空间体系中的重要节点。它与小尺度的庭院空间、狭长线形的街道空间和联系自然的绿地空间共同组成了城市开放空间系统。现代城市广场通常分布于城市入口处、城市核心区、街道空间序列中、城市轴线的节点处、城市与自然环境的接合部、城市不同功能区域的过渡地带、居住区内部等。

现代城市广场在城市中的区位及其功能、性质、规模、类型等都应有所区别。每个广场都应根据周围环境特征、城市现状和总体规划的要求，确定其主要性质、规模等。只有这样，才能使多个城市广场相互配合、共同成为城市开放空间体系的有机组成部分。因此，在规划设计城市广场时，我们必须在城市开放空间体系中进行整体把握，做到统一规划、合理布局。

2. 完整性原则

对于成功的城市广场设计，完整性是非常重要的。完整性包括功能的完整和环境的完整两个方面。

（1）功能的完整

功能的完整是指一个广场应具有相对明确的功能。在这个基础上，城市广场发挥相应的次要功能，做到主次分明、重点突出。从趋势来看，大多数广场都从过去单纯为政治、宗教服务向为市民服务转化。

（2）环境的完整

环境的完整主要考虑广场环境的历史背景、文化内涵、时空连续性、完整的局部、周边建筑的协调和变化等问题。在城市建设中，不同时期留下的物质印痕是不可避免的，特别是在改造、更新历史上留下来的广场时，我们更要妥善处理新老建筑的主从关系和时空连续等问题，以取得环境完整的效果。

3. 尺度适配原则

尺度适配原则是指根据广场不同的使用功能和主题要求，确定广场合适的规模与尺度。如政治性广场和一般的市民广场的规模与尺度就应当有较大的区别。从国内外城市广场来看，政治性广场的规模与尺度较大，形态较规整；而市民广场的规模与尺度较小，形态较灵活。广场空间的尺度对人的情感、行为等都有很大的影响。根据专家的研究，两个人如果相距 1 至 2 米，可以产生亲切的感觉；两个人相距 12 米，能看清对方的面部表情；两个人相距 25 米，能认清对方是谁；两个人相距 130 米，只能辨认对方身体的姿态；两个人相距 1 200 米，仍能看得见对方。因此，空间距离越近，亲切感越强，距离越远，两个人越疏远。日本当代著名建筑师芦原义信提出在外部空间设计中采用 20 至 25 米的模数。他认为："关于外部空间，实际走走看就很清楚，每 20 ~ 25m，或是有重复的节奏感，或是材质的变化，或是地面高差有变化，那么即使在大的空间里也可以打破其单调……" 我们对若干城市空间的亲身体验也说明 20 米左右是一个令人感到舒适和亲切的尺度。

此外，广场的尺度除了具有良好的绝对尺度和相对比例以外，还必须适合人的尺度，而广场的环境小品布置则更要以人的尺度为依据。

4. 生态环保性原则

广场是整个城市开放空间体系的一部分，它与城市整体生态环境联系紧密。一方面，其规划绿地中的花草树木应与当地特定的生态条件和景观特点（如"市花"和"市树"）相吻合；另一方面，广场设计要充分考虑生态合理性，如阳光、植物、风向和水面等，做到趋利避害。

生态环保性原则是指要遵循生态规律，包括生态进化规律、生态平衡规律、生态优化规律、生态经济规律，体现"因地制宜、合理布局"的设计思想。具体到城市广场来说，过去的广场设计只注重硬质景观效果，大而空，仅仅将植物作为点缀物、装饰物，疏远了人与自然的关系，缺少与自然生态的紧密结合。因此，在设计现代城市广场时，设计者应从城市生态环境的整体出发，一方面运用园林设计的方法，通过融合、嵌入、微缩、美化和象征等手段，在点、线、面不同层次的空间领域中引入自然、再现自然，并使广场与当地特定的生态条件和景观特点相适应，使人们在有限的空间中感受自然带来的自由和愉悦；另一方面，应特别强调小环境的合理性，城市广场既要有充足的阳光，又要有足够的绿化，冬暖夏凉，为居民创造宜人的生态环境。近年来，许多学者都在探索人类向自然生态环境回归的问题，城市广场体现了城市人文精神与生活风貌，应当成为景观优美、绿化充分、环境宜人和健全高效的生态空间。

5. 多样性原则

现代城市广场应具有一定的主导功能，具有多样化的空间表现形式和特点。由于广场是人们共享城市文明的舞台，它既要反映作为群体的人的需要，又要兼顾特殊人群（如残疾人）的使用需求。同时，广场的服务设施和建筑功能也应多样化，纪念性、艺术性、娱乐性和休闲性兼容并蓄。对于人们在广场上的行为，无论是自我独处的个人行为，还是公共交往的社会行为，都具有私密性与公共性。当独处时，只有在安全与安定的条件下，人们才能心安理得地存在，如果失去场所的安全感和安定感，则无法潜心静处；反之，当处于公共活动中时，人们也不忘带着自我防卫的心理，力求自我隐蔽，方感心平气和。这些行为心理对广场中的场所空间设计提出了更高的要求。广场就是要给人们提供能满足不同需要的多样化的空间环境。

6. 步行化原则

步行化是现代城市广场的主要特征之一，也是城市广场共享性和良好环境形成的必要前提。城市广场空间和各因素的组织应该保证人自由活动，如保证广场活动与周边建筑、城市设施使用的连续性。对于大型广场，我们可以根据不同的使用功能和主题来考虑步行分区问题。随着现代机动车日益占据城市交通的主导地位，广场的步行化更显示出其无比的重要性。我们在设计时应当注意，人在广场上徒步行走的耐疲劳程度、步行距离极限与环境氛围、景物布置、当时心境等因素有关。在单调乏味的景物、恶劣的气候环境、烦躁的心态等条件下，近者亦远；相反，若人们心情愉快，与朋友边聊边行，又有吸引人的景色和引人入胜的目标，远者亦近。一般而言，人们对广场的选择从心理上趋向于就近、方便的原则。

7. 文化性原则

城市广场作为城市开放空间体系中艺术处理的精华，通常是城市历史风貌、文化内涵集中体现的场所。其规划设计既要尊重传统、延续历史，又要有所创新、有所发展，这就是继承和创新有机结合的文化性原则。

人们的社会文化价值观念又是随着时代的发展而不断变化的。落后的东西不断地被抛弃，有价值的文化则被积淀下来，融入人们生活的方方面面。城市广场是人们室外活动的场所，其对文化价值的追求是十分正常的。文化性的展现以浓郁的历史背景为依托，使人在闲暇中获得知识、了解城市过去的辉煌，如南京汉中门广场以古城城堡为第一文化主脉，辅以古井、城墙和遗址，表现出凝重而深厚的历史感。

8. 特色性原则

个性特征是通过人的生理和心理感受到的与其他广场不同的内在本质和外部特征。现代城市广场应根据特定的使用功能、场地条件、人文主题和景观艺术处理手法来塑造特色。

广场的特色性不是设计师凭空创造出来的。我们不能套用现成特色广场的模式，而要对广场的功能、地形、环境、人文、区位等方面进行全面分析、不断提炼，这样才能创造出与市民生活紧密结合并独具地方特色、时代特色的现代城市广场。

一个有特色的城市广场应该与城市整体空间环境相协调。违背了整体空间环境的和谐，城市广场的特色也就失去了意义。

（二）城市广场规划设计要点

在城市广场的设计过程中，我们必须综合考虑广场设计的各种需要，统一解决各种问题。

1. 城市广场布局设计

在城市总体规划中，我们应对广场的布局进行系统的安排。广场的数量、面积、分布取决于城市的性质、规模和广场的功能。对于广场的总体布局，我们应有全局观点，综合考虑广场实质空间形态的各个因素，做出总体设计。广场的艺术处理与城市规划应彼此协调，形成一个有机的整体。广场的空间尺度、形体结构、色彩等应与交通和周围环境协调一致。

在城市广场的总体设计构思中，我们既要考虑功能性、经济性、艺术性、坚固性等内在因素，又要考虑当地的历史背景、文化背景、城市规划要求、周围环境、基地条件等外在因素。

2. 城市广场的植物种植设计

城市广场绿化设计应该与城市绿化设计、广场总体设计相协调，应充分考虑到功能的需求，配合周边建筑、地形等，使得城市广场形成良好的空间体系。

城市广场可采用规则式种植形式，可以进行群植、列植。行列式种植主要用于广场周围或长条形地带。群植或集团式种植是为了避免成排种植的单调感，将几种树组成一个树丛、有规律地排列在一定的地段上。另外，花坛式种植也是城市广场最常用的种植形式之一，大量的花坛群和图案式种植具有很强的装饰性，使广场更加壮观和靓丽。

所选择的植物应符合植物生长规律、突出地方特色。我们要以当地树种为主，选择色彩丰富、树形优美、冠大、叶密的树种，选择具有深根性、耐修剪、寿命长、能抗病虫害且易控制其发展的优良树种。

3. 城市广场铺装设计

城市广场的地面应根据不同的功能要求进行铺装。例如，集会广场需要有足够的面积容纳参加集会的人，游行广场要考虑游行行列的宽度和重型车辆通过的要求，其他广场也要考虑人行、车行的不同要求。广场的地面铺装要有适宜的排水坡度，能顺利地解决广场地面的排水问题。有时因要满足铺装材料、施工技术和艺术设计等的要求，广场地面需划分网格或各式图案，以增强广场的尺度感。铺装材料的色彩、网格的图案应与广场上的建筑，特别是主要建筑和纪念性建筑紧密结合起来，起到引导、衬托的作用。广场上主要建筑前或纪念性建筑四周应做重点处理。在铺装时，我们要考虑地下管线的埋设，管线的位置要有利于场地的使用和检修。

4. 城市广场的水景设计

城市广场的水景可以起到美化城市环境、丰富精神文化、调节局部生态环境、调节情绪等作用。古人云："石为山之骨，泉为山之血。无骨则柔不能立，无血则枯不得生。"在设计时，不仅要设计供人们观赏的水景观，还要设计能让人们直接参与的戏水池、旱喷泉等，使人们在水中畅游或在水中嬉戏，使人们直接感受水的清澈和纯净。

5. 城市广场的园林建筑、小品设计

园林建筑是一种独具特色的建筑。园林建筑既要满足使用功能要求，又要满足园林景观的造景要求，还要与园林环境紧密结合起来，与自然融为一体。

现代城市广场中的园林小品具有多种多样的形式，所用的构造材料也不同。在设计园林小品时，设计者需全方位地考虑周围环境特征、文化传统、空间和城市景观等因素。园林小品设计灵活、新颖，具有科学性、文化性、艺术性、功能性和技术性。在城市广场中，园林小品的布局不是独立的。园林小品与整个广场环境是一个有机的整体，与园林建筑、地形、植物、水体有机地结合在一起，共同构成优美的园林景观，产生奇妙的艺术效果。

6. 广场标志物与主题表现

广场的标志物与主题表现更能显现广场的个性和可识别性。在广场上设置雕塑、纪念柱、纪念碑等标志物是表现广场主题内容的常用方法。一般来说，布置在广场中央的标志物宜有较强的体积感、无特别的方向性。成组布置的标志物应当具有主次关系，同时适于大面积或纵深较大的广场。标志物布置在广场的一侧，侧重于表现某个方向或轮廓线，而标志物布置在广场一角，则有利于按一定的观赏角度来欣赏。

在布置标志物特别是雕塑、纪念碑时，除了要根据视觉关系进行考虑以外，我们还要注意透视、变形、校正等问题。人们在观察高大的物体时，由于需要仰视，必然会遇到被视物体变形问题，包括物像的缩短、物像各部分之间比例失调。这些透视变形直接影响人们对广场雕塑、纪念碑的观赏。为了解决这种透视变形问题，最简单的办法是将雕塑的形体稍向前倾，同时还要考虑重心问题，另外，前倾只能解决局部视点问题，广场雕塑、纪念碑多是需要四面观赏的，为了解决透视变形问题，最好的办法是将原有各部分比例拉长，但这要视实际情况而定。

建筑对于广场主题的表现是至关重要的。广场中的主要建筑决定了广场的性质，并占据支配地位，其他建筑则处于从属地位。这种主次关系不仅表现在位置上，还表现在尺度、形态、人流导向上。许多现代城市广场周边的建筑群功能复杂、形式多样，统一感和连续性较差，主体建筑在体量上和精神上都表现得不是十分明显。

广场周边的建筑要与广场有一种亲密关系，特别是集会广场。建筑要有较强的社会性，与广场关系密切的公共建筑有市政府、美术馆、博物馆、图书馆等。另外，我们需防止过多重要的建筑围绕着一个广场，因为这样较难解决它们在建筑形式上的冲突问题，同时，城市其他部分往往会因为失去某种重要性而变得沉闷。一般来讲，广场周边可以有一两个重要的公共建筑，可以引入一些功能不同的其他建筑，特别是商业服务建筑，这样有利于在广场中开展变化的和连续的活动。

三 学习任务

任务目的

1. 掌握城市广场的特点和设计要求。
2. 能够灵活运用各景观元素配置原则进行城市广场的规划设计。
3. 能够规范绘制城市广场规划设计的平面图、立面图、效果图。
4. 能够编写城市广场的设计说明书和植物名录。

任务内容与要求

1. 图 4-2-6 所示为某广场的一处绿地，现要求根据场地现状和周围环境进行分析，结合当地的自然条件，完成以休闲娱乐为目的的城市广场绿地规划设计，风格不限。要求符合场地环境需求，并能合理运用各景观元素，布局合理，构思新颖，能充分反映时代特色。

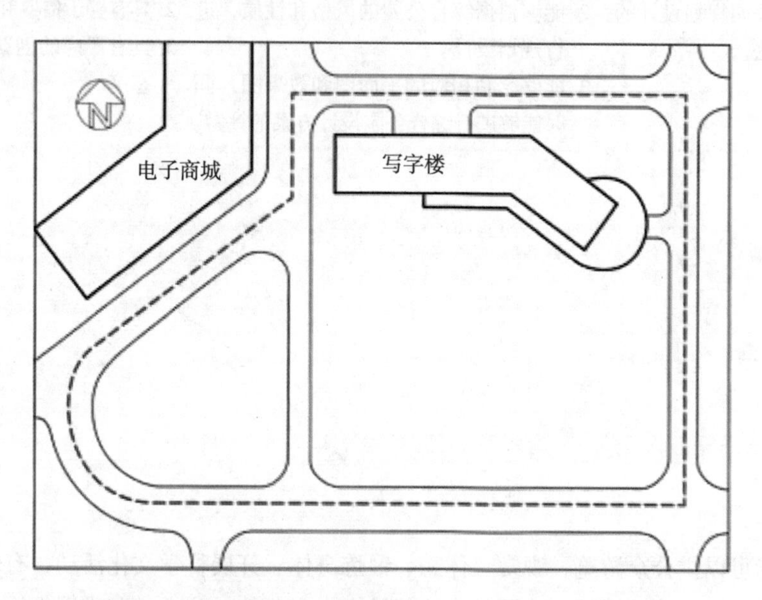

图 4-2-6　需要完成城市休闲娱乐广场绿地设计的场地

2. 所有图纸的图面要求表现力强、线条流畅、构图合理、清洁美观，图例、文字标注、图幅等符合制图规范。

3. 设计说明要求语言流畅、言简意赅，能准确地对图纸进行补充说明，体现设计意图。

任务实施

1. 进行项目分析，做好设计前的准备工作，调查城市的地形、地质、地貌、气候等自然条件，了解城市特色、周围建筑特点和环境特点。

2. 收集资料，查阅城市广场绿地设计相关规范，并收集、整理基础图纸等相关资料。

3. 确定初步方案，按照设计要求绘制现状图，确定设计思想和总体布局，在此基础上，形成总体设计方案。

4. 在总体布局的基础上，完成广场建筑设计、水景设计、铺装设计、植物种植设计。

5. 按照设计要求，最终完成设计图纸和设计文本，包括广场总平面图、局部效果图和总体效果图，以及设计说明书。

任务三　综合公园规划设计

学习目标	能力目标	素质目标
1. 理解综合公园的设计原则和布局特点。 2. 掌握综合公园规划设计的内容和方法。	1. 能够结合实际，分析综合公园的组成要素及其各自的设计要点。 2. 能够根据综合公园的风格和性质，进行规划设计。 3. 能够绘制相应的平面图和效果图，同时能够进行综合公园设计方案的评赏。	1. 具有善于观察和分析问题的能力。 2. 具有善于借鉴和应用的能力。 3. 具有严谨的创新精神和求实态度。

知识准备

一、综合公园概述

（一）综合公园的概念

1. 公园

公园是指可以供公众游览、观赏、休憩、锻炼身体、开展科学文化活动，有较完善的设施和良好的绿化环境的公共绿地。公园具有改善城市生态环境、防火、避难等作用。而现代的公园具有环境幽深和清凉避暑等特点，受到人们的喜爱，成为情侣、老人、孩子的乐园。

2. 综合公园

综合公园是城市公园绿地系统的“核心”组成部分，不仅具有大面积的绿化景观，而且还具有各种活动设施，是城市居民共享的“绿色空间”。它为城市提供了大片绿地，是人们开展文化活动、娱乐活动、体育活动的公共场所。此外，综合公园对改善城市环境、加强生态保护、构建优美的城市景观、丰富人们的业余生活都起着重要作用。

综合公园一般面积较大，内容丰富，服务项目多。我国北京的陶然亭公园、上海的长风公园、广州的越秀公园，俄罗斯莫斯科的高尔基中央文化休闲公园，美国纽约的中央公园、旧金山的金门公园，德国柏林的特雷普托公园，英国伦敦的里士满公园等，都属于综合公园。

（二）综合公园的设计原则与布局

1. 综合公园的设计原则

（1）总体性原则

综合公园的设计要依托完善的城市规划，使公园在全市均衡分布、方便全市各区域市民使用。但各公园要富有特色，不能相互重复。

（2）适地性原则

在综合公园的设计过程中，我们要认真调查、分析公园的地形、地貌、地质情况和周边环境，根据现状，做到因地制宜、合理布局。

（3）特色性原则

在综合公园的设计过程中，我们要广泛收集公园的历史事迹、民俗传说和人文资源，充分了解当地人的生活习惯、爱好和乡土人情，使建成后的公园更具地方特色。

（4）人性化原则

在综合公园的设计过程中，我们要考虑不同性别、不同年龄阶段和有不同需求的游人，力求公园内的景点和设施合理全面、使用率高。

（5）继承和创新原则

我们应继承我国优秀的传统造园艺术，吸收国外先进的造园经验，创造具有创新风格的公园绿地。

（6）远近兼顾的原则

我们应正确处理近期景观与远期规划之间的关系。

2. 综合公园的布局

综合公园可以构成城市绿地系统中“面”的要素，在布局的选择上应考虑如何与“点”要素、“线”要素相结合，共同构成完整的绿地系统，以利于城市生态环境的改善和城市景观的美化。综合公园在城市中的位置应结合城市总体规划和城市绿地系统规划来确定。

综合公园应方便居住用地内的居民使用，并与城市主要道路保持密切的联系，有便利的公共交通工具供居民乘坐。

利用不宜于工程建设和农业生产的复杂破碎的地形和起伏变化较大的坡地建园时，我们要充分利用地形，避免大动土方，要因地制宜地创造多种多样的景观。这既节约城市用地和建园投资，又有利于丰富园景。

我们可以选择具有水面、具有优美的河湖沿岸景色的地段建园，使城市园林绿地与河湖系统结合起来，充分发挥水面的作用，并可以利用水面开展各种水上活动，丰富公园的活动内容。另外，利用这样的地段建园，有利于地面排水，有利于沟通公园内外的水系。

我们可以选择在现有树木较多和有古树的地段建园，在森林、丛林、花圃等的基础上加以改造，建设公园，这样投资少、见效快。城市公园从规划建设开始到形成较好的环境和一定的规模需要较长的一段时间，而如果利用原有的植被，则可以早日形成较好的绿化面貌。

我们可以选择在有历史遗址和名胜古迹的地方建园，将现有的建筑加以扩充和改建，补充活动内容和活动设施。在这类地段建园，不仅可以丰富公园的景观，还有利于保护民族遗产，起到爱国主义和民族传统教育的作用。

社会的进步与发展影响着人们的观念和思想，如今，人们需要更完善的休闲场所，对景观质量的要求也越来越高。因此，在规划设计综合公园时，我们既要尊重现实，又要着眼于未来。对于综合公园的活动内容，人们会提出更多的要求，我们应考虑一定面积的发展用地的规划。

总之，在进行综合公园规划设计时，其面积和位置的确定应满足城市总体规划的需要，遵循布局合理、因地制宜、均衡分布、立足当前、着眼未来的原则。

二、综合公园规划设计

（一）综合公园功能分区

在进行综合公园规划设计时，要进行功能分区。其目的是满足不同年龄、有不同爱好的游人的要求，合理、有机地组织游人开展各项活动，避免相互干扰，便于管理。功能分区是指在公园内划分出一定的区域把各种性质相似的活动内容组织到一起，形成具有一定使用功能和特色的区域。分区规划绝不是机械的规划，尤其在大型综合公园中，地形复杂。因此，分区规划不能绝对化，我们应根据地形条件因地制宜地进行全面考虑。

根据综合公园的内容和功能需要，其功能区一般可分为文化娱乐区、体育活动区、儿童活动区、老年人活动区、观赏游览区、安静休息区和公园管理区。

1. 文化娱乐区

文化娱乐区是公园中的闹区，人流最为集中。文化娱乐区内经常开展形式多样、参与人数众多、比较喧哗的活动。文化娱乐区的主要功能是开展文娱活动、进行科学文化教育。文化娱乐区内主要有俱乐部、展览馆（廊）、音乐厅、露天剧场、游戏广场、技艺表演场、舞池等。在公园中，文化娱乐区是建筑物、构筑物相对集中的地方，是全园布局的重点。但为了保持公园的风景特色，建筑物不宜过于集中，各建筑物之间、各活动设施之间要保持一定的距离，可通过植物、花草、地形、水体等进行分隔。群众性的娱乐项目常常具有较大的人流量和较大的密度，而且集散时间相对集中，因此我们要妥善地组织交通，在规划条件允许的情况下使文化娱乐区接近公园出入口，或者在一些大型建筑旁设立专用出入口，以便快速地疏散游人。

对于文化娱乐区的规划，我们应尽量结合地形特点，创造出景观优美、环境舒适、投资少、效果好的景点和活动区域，例如，可利用缓坡地设置露天剧场、演出舞台，利用下沉地形开辟下沉式广场，利用开阔的水面开展水上活动等。

2. 体育活动区

体育活动区是公园内以集中开展体育活动为主的区域，其规模、设施等应根据公园及 其周围环境来确定。如果公园周围已有大型的体育场、体育馆，那么公园内就不必开辟体育 活动区。

体育活动区常常位于公园的一侧，并设有专用的出入口，以利于大量观众迅速疏散。体育活动区的设置一方面要考虑为游人提供体育活动场地、设施，另一方面要考虑其作为公园的一部分，需与整个公园的绿地景观相协调。

随着我国城市的发展和人们对体育活动参与性的增强，城市的综合公园内宜设置体育活动区。体育活动区是属于相对喧闹的功能区域，应与其他各区进行相应的分隔，宜以地形、树丛、丛林等进行分隔。体育活动区可设置场地相对较小的篮球场、羽毛球场、网球场、门球场、武术表演场、大众体育区、民族体育场地、乒乓球台等。如果条件允许，体育活动区可设置室内体育场馆，但一定要注意建筑造型的艺术性。各场地不必同专业体育场一样设立专门的看台，可以以缓坡草地、台阶等作为观众看台，增加人们与大自然的亲密度。

3. 儿童活动区

儿童活动区（见图 4-3-1）主要供学龄前儿童和学龄儿童开展各种活动。据调查，公园中儿童数量占公园游人数量的 15% 至 30%，这个比例的变化与公园在城市中所处位置、周围环境、居住区的状况有直接关系。在居住区附近的公园中，儿童的人数比例较大。在离居住区较远的公园中，儿童的人数比例则相对较小。这也与公园内儿童活动内容、儿童活动设施、服务条件有关。

图 4-3-1　儿童活动区

儿童活动区一般可分为学龄前儿童活动区和学龄儿童活动区。主要活动场所有游戏场、戏水池、运动场、少年宫、少年阅览室、科技馆等。用地最好能达到人均 50 平方米。儿童活动区应根据用地面积的大小来确定所设置内容的多少。用地面积大的儿童活动区在内容设置上可与儿童公园类似，用地面积较小的儿童活动区可只设置游戏场。

4. 老年人活动区

随着人口老龄化速度的加快，老年人在城市人口中所占的比例日益增大，公园中的老年人活动区在公园绿地中的使用率是最高的。在一些大中型城市，很多老年人已养成了早晨在公园晨练、白天在公园活动、晚上在公园散步的习惯，因此，公园中老年人活动区的设置是不可忽视的。

大型公园的老年人活动区可以进行分区规划，根据老年人的习惯特点，设立活动区、棋艺区、聊天区、园艺区等区域，同时要注意根据活动内容进行动静分区。

活动区的功能是为老年人从事体育锻炼提供服务。活动区可配置体育锻炼器材，使老年人能够进行简单的锻炼。老年人可以在活动区举办集体活动，如晨练、扭秧歌等。有条件的活动区可以配置音响、喇叭，为老年人的活动配置音乐。活动区还应配置休息椅等设施。

棋艺区的功能是为爱好棋艺的老年人提供服务。棋艺区可以设置长廊、亭子等，也可以在公园的浓阴地带直接设置石凳、石桌，石桌上可刻上象棋、跳棋、围棋、军棋等各类棋盘。

聊天区是为老年人提供的谈天说地、思想交流的场所。聊天区可设置茶室、亭子和露天太阳伞等。老年人喜爱聊家常，聚到一起说说话、解解闷，在冬天可以晒太阳，在夏天可以乘凉。这可谓其乐融融。

园艺区的功能是为爱好花鸟虫鱼的老年人提供一显身手的机会。一些老年人喜爱花卉、鸟类。建立园艺区，可以使他们有展示才能的机会。园艺区可以设置垂钓区、遛鸟区、果园等，同时可以聘请有能力的老年人管理公园的设施。这可谓一举两得。

此外，我们还可以根据不同城市中老年人的爱好设置特色活动区域，如书画区、票友聚会区等。

5. 观赏游览区

观赏游览区以观赏、游览和参观为主，往往选择地形和植被等比较优越的地域，结合风俗民情、历史文物和名胜古迹等，建造盆景园、展览温室，或者布置观赏树木和花卉等，或者结合建筑小品，配置假山水景、置石小品，点以摩崖石刻、对联，创造出情趣浓郁、典雅 清幽的景观。观赏游览区是公园中景色最为优美的区域，为了达到良好的观赏、游览效果，游人在区内分布的密度要较小，人均游览面积 100 平方米左右最为合适。因此，观赏游览区在公园中占地面积较大，是公园的重要组成部分。

观赏游览区内设置的内容应与公园整体景观相协调。花坛、草坪、喷水池、假山、雕塑、亭榭等设施，应当突出文化内涵、讲究文化品位、注重艺术效果。在观赏游览区中，我们要合理设计观赏游览路线，创造系列构图空间，创造意境，这是游览路线布局的核心内容。在设计时，我们应特别注意选择合理的道路平纵曲线、铺装材料、铺装纹样，使其能够适应景观展示和动态观赏的要求。

6. 安静休息区

安静休息区主要供人们游览、休息、赏景或开展一些较为安静的活动，如垂钓、品茗、书法、绘画、散步、聊天等。安静休息区一般选择建在具有一定地形起伏的区域，如山地、谷地、溪边、湖边、河边等，并且要求树木茂盛、绿草如茵，有较好的植被景观。

对于安静休息区的面积，我们可视公园的规模大小进行规划布置，一般来说，面积大一些为好。但在布局时，我们并不一定要求所有的安静活动都集中于一处，只要条件合适，可选择多处，以创造不同类型的空间环境，满足不同的活动要求。

安静休息区对景观布局的要求也较高。我们宜利用园林造景要素，巧妙组织景观，创造景色优美、环境舒适、生态效益良好的景区。我们可结合有地形起伏变化的自然景观，以植物景观为主，适当布置建筑，如亭、水榭曲廊、茶室、阅览室等，以供游人休息。这些建筑的色彩宜素雅，不宜华丽。

安静休息区一般选择建在距主入口较远处，往往位于全园最深处，与文娱活动区、儿童活动区和体育活动区有一定的间隔。

7. 公园管理区

公园管理区是为满足公园经营管理的需要而设置的专用区域，一般设有办公室、值班室、广播室、维修处、工具间、仓库、堆场杂院、车库、温室、棚架、苗圃、花圃、食堂、浴室、宿舍等。以上按功能可分为管理办公部分、仓库部分、花圃苗木部分和生活服务部分等。

公园管理区一般设在既便于公园管理又便于与城市联系的地方。公园管理区要与游人有所隔离，要有专用的出入口。公园管理区属于公园内部专用区，应适当隐蔽，不能影响景观视线。

在公园的总体规划中，要根据游人活动规律，选择在适当的区域安排服务性建筑与设施。在较大的公园中，可设 1 至 2 个服务中心点为全园游人服务。服务中心应设在游人集中、停留时间较长、地点适中的地方。另外，再根据各功能区游人活动的要求设置各区的服务点，主要为局部地区的游人服务，如垂钓区可考虑设置租借渔具、购买鱼饵的服务设施。

公园的功能分区规划，应根据公园的规模大小来进行。有时园内各分区之间相互交叉。一般来说，我们应结合公园的出入口、地形、建筑、道路布局、植物种植等进行合理的功能分区。

（二）出入口的设立

公园规划设计的首要工作，是合理确定其出入口的位置。公园出入口一般分为主要出入口、次要出入口和专用出入口三种类型。

1. 主要出入口

主要出入口一般只有一个。主要出入口应该设在与园内道路联系方便，并使城市居民方便、快捷到达公园的位置。主要出入口外应当根据规划和交通需要设置游人集散广场、停车场和自行车存放处。收费公园主要出入口外集散场地的面积不得低于每万人 500 平方米。大、中型公园主要出入口周围 50 米范围内禁止设置商业摊点和服务业摊点。

2. 次要出入口

次要出入口一般有一个或多个，主要为附近居民或城市次要干道的人流服务，同时也为主要出入口分担人流量。次要出入口一般设在公园内有大量人流集散的设施附近，如公园内的表演厅、露天剧场和展览馆等。

3. 专用出入口

专用出入口一般有一到两个。为了完善服务、方便管理和生产，专用出入口多设在公园较偏僻处或公园管理处附近，以达到方便园内职工的目的。专用出入口不供游人使用。

（三）园路设计

园路是园林的组成部分，起着组织空间、引导游览、联系交通、提供散步休息场所的作用。园路把园林的各个景区连成整体。园路本身又是园林风景的组成部分，其蜿蜒起伏的曲线、丰富的寓意、精美的图案，都给人以美的享受。对于园路的布局，我们要从园林的使用功能出发，根据地形、地貌、风景点的分布和园务管理活动的需要进行综合考虑和统一规划。园路应主次分明，具有明确的方向性。

1. 园路的类型

园路分为主干道、次干道、专用道和游步道。

主干道是全园的主要道路，连接公园各功能分区、主要建筑设施、风景点，要方便游人集散。主干道的路宽一般为 4 至 6 米。主干道具有引导游览、易于识别方向的作用。

次干道是公园各区内的主道，引导游人到各景点、专类园，自成体系，对主干道起辅助作用。考虑到游人的不同需要，在园路布局中，我们还应为游人由一个景区到另一个景区开辟捷径。

专用道多为园务管理者使用，在园内与游览路分开，应减少交叉，以免干扰游览。

游步道为游人散步使用，宽为 1.2 至 2 米。

2. 园路的布局

我国园林多以山水为中心，园林也多采用自然式布局方式，园路讲究含蓄，但庭院、寺庙园林或纪念性园林多采用规则式布局方式。西方园林多采用规则式布局方式，园路笔直宽大，轴线对称，呈几何形。在园路的布局中，我们应考虑以下因素。

（1）回环性

园林中的路多为四通八达的环形路，游人从任何一点出发都能游遍全园，不走回头路。

（2）疏密适度

园路的疏密度与园林的规模、性质有关。在公园内，道路大体占总面积的 10% 至 12%。在动物园、植物园或小游园内，道路网的密度可以稍大，但不宜超过 25%。

（3）因景筑路

园路与景观应该结合起来进行布置，从而达到因景筑路、因路得景的效果。

（4）曲折性

园路随地形和景物的变化而曲折起伏、若隐若现，“路因景曲，境因曲深”。曲折的园路可以创造“山重水复疑无路，柳暗花明又一村”的情趣，可以丰富景观，延长游览路线，活跃气氛。

（5）多样性和装饰性

园路具有多种多样的形式，而且应该具有较强的装饰性。在人流聚集的地方或庭院中，路可以转化为场地；在林间或草坪中，路可以转化为步石或休息岛；遇到建筑，路可以转化为“廊”；遇到山地，路可以转化为盘山道、蹬道、石级、岩洞；遇到水，路可以转化为桥、堤、汀步等。路又以其丰富的体态来装饰园林，使园林引人入胜。

3. 园路线形设计

园路线形设计应与地形、水体、植物、建筑物等相结合。这样，公园可以形成完整的风景构图，形成连续展示景观的空间或欣赏景物的透视线。主路纵坡宜小于 8%，横坡宜小于 3%，山地公园的园路纵坡应小于 12%，超过 12% 时，则应做防滑处理。

园路的转折应衔接通顺，符合游人的行为规律。园路遇到建筑、山、水、陡坡等障碍时，必然会产生弯道。其弯曲弧度要大，且外侧高，内侧低。

（四）公园建筑规划

公园中建筑的作用主要是创造景观、开展文化娱乐活动等。公园中建筑的形式要与其性质、功能相协调。公园中的建筑风格应保持统一。公园中主要建筑物通常会成为全园的主景。在规划设计时，我们要考虑其规模、大小、形式、风格和位置，使其处于绝对中心的地位。次要建筑物应与地形、山石、水体、植物等统一、协调。在形式风格上，次要建筑物以通透、实用、造景为主，突出主景。管理和附属建筑在公园内是必不可少的，在体量上应以够用为宜，在形式风格上则以简洁、淡雅为宜。

（五）植物配植与景观构成

植物是公园最主要的组成部分，也是公园景观构成最基本的元素。因此，植物配植效果的好坏会直接影响公园景观的效果。

1. 基调树选择

为了使公园的植物构景风格统一，在植物配植中，我们一般应选择几种符合公园气氛和主题的植物作为基调树。基调树在公园中所占的比例大，基调树可以协调各种植物景观，使公园景观形成和谐一致的形象。

2. 各功能区景观设计

在定出基调树、统一全园植物景观的前提下，我们还应结合各功能区和景区的不同特征，选择适合表现这些特征的植物进行配植，使各区的特色更加突出。例如，公园入口处人流量大，气氛热烈，在植物配植上，我们应选择色彩明快、树形活泼的植物，如花卉、开花小乔木、花灌木等。安静游览区则适合配植一些姿态优美的高大乔木和草坪。儿童活动区配植的花草树木应符合儿童的心理特点和生理特点，应品种丰富、颜色鲜艳。同时，儿童活动区不可种植有毒、有刺、有恶臭的浆果之类的植物。文化娱乐区人流集中，建筑和硬质场地较多，我们应选择一些观赏性较高的植物，并着重考虑植物配植与建筑、铺地等元素之间协调、互补的关系。对于园务管理区，我们一般应考虑隐蔽和遮挡视线的要求，可以选择一些枝叶茂密的常绿高灌木和乔木，使整个区域遮映于树丛之中。

（六）公园给排水规划

给水根据灌溉情况、湖池水体大小、游人饮用水量，以及卫生和消防的实际需要来确定。给水水源、管网布置、水量、水压应做配套工程设计。给水以节约用水为原则。我们可以设计人工水池、喷泉、瀑布。喷泉应采用循环水，并防止水池渗漏。取用地下水或其他废水，以不妨碍植物生长和不污染环境为准。给水灌溉设计应与种植设计相互配合，浇水龙头和喷嘴在不使用时应与地面持平。饮水站的饮用水和天然游泳池的水必须保证清洁，符合国家规定的卫生标准。对于我国北方冬季室外的灌溉设备、水池，我们必须考虑防冻措施。木结构的古建筑和古树的附近，应设置专用消防栓。

污水应接入城市活水系统，不得在地表排泄或排入湖中。雨水排放应有明确的去向，地表排水应有防止径流冲刷的措施。

学习任务

任务目的

1. 掌握综合公园的特点和设计要求。
2. 能够灵活运用各景观元素配置原则进行综合公园的规划设计。
3. 能够规范绘制综合公园规划设计的平面图、立面图、效果图。
4. 能够编写综合公园的设计说明书和植物名录。

任务内容与要求

1. 根据图4-3-2所示场地现状进行分析，结合当地的自然条件，完成公园绿地所有内容的规划设计。

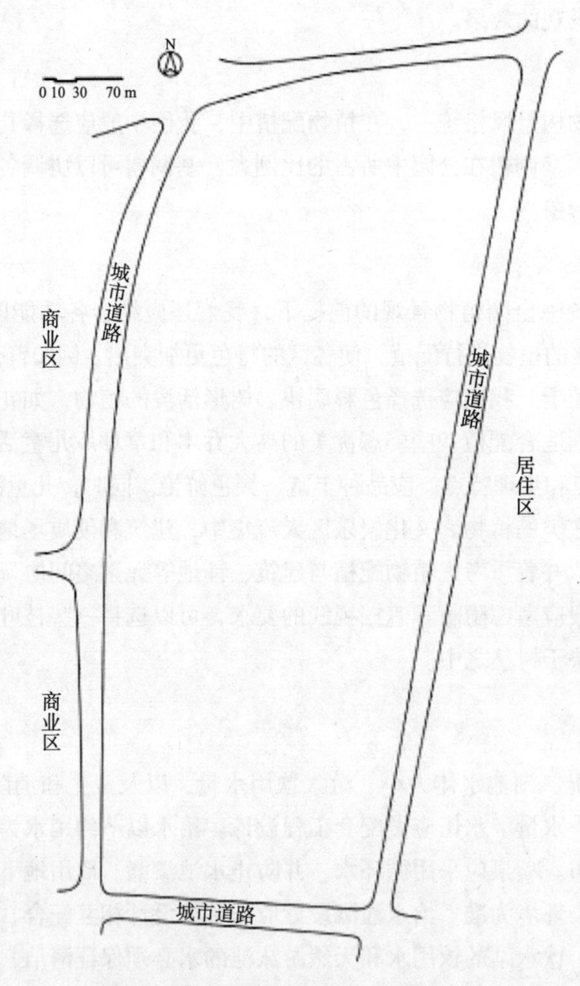

图4-3-2 某公园规划设计用地现状

2. 所有图纸的图面要求表现力强、线条流畅、构图合理、清洁美观，图例、文字标注、图幅等符合制图规范。

3. 设计说明要求语言流畅、言简意赅，能准确地对图纸进行补充说明，体现设计意图。

任务实施

1. 进行现场勘查与分析，调查当地的地理位置、地质、地貌、气候、土壤、植物等，了解当地的环境情况。

2. 收集并参考相关的图纸资料，完成设计。

3. 修订、汇报并提交正式的方案设计成果。

4. 完成设计内容，具体包括公园的基地位置与现状分析图、总平面图、功能分区图、各功能区分析图、景观布局与分析图、整体鸟瞰图、重要节点效果图等，并编制设计说明书。

任务四　专类公园规划设计

学习目标	能力目标	素质目标
1. 熟悉植物园和动物园的类型。 2. 掌握植物园与动物园规划设计的方法与内容。	1. 能够结合实际，分析植物园和动物园的组成要素及其各自的设计要点。 2. 能够根据植物园和动物园的风格和性质，进行植物园和动物园的规划设计。 3. 能够绘制相应的平面图和效果图，同时能够进行植物园和动物园设计方案的评赏。	1. 具有善于观察和分析问题的能力。 2. 具有善于借鉴和应用的能力。 3. 具有严谨的创新精神和求实态度。

知识准备

专类公园一般包括植物园、药物园、动物园、野生动物园、儿童公园、专类花园、岩石园、风景名胜公园、文化公园、科技公园、艺术公园、雕塑公园、体育公园、运动公园、交通公园、老人公园、水上公园、纪念公园、墓地公园、游乐公园、农乐公园、民族公园、自然生态公园等。这些专类公园以精彩独特的专项内容吸引着人们参观游览。下面对其中的植物园和动物园进行介绍。

一、植物园规划设计

植物园是进行植物科学研究和引种驯化，并供观赏、游憩和开展科普活动的绿地。它既是植物学的研究基地，以及植物品种保存、展出的基地，又是城市居民参观和游览的重要场所。植物园内有各种山水地貌和丰富多彩的植物景观，设置了一些必要的设施和建筑，因此，植物园也可以作为城市公园来看待。

（一）植物园的类型

植物园按其性质可分为综合性植物园和专业性植物园。

1. 综合性植物园

综合性植物园是指兼备科研、游览、科普、生产等多种职能的规模较大的植物园。综合性植物园一般规模较大，占地面积大，内容丰富。目前，我国这类植物园有归科学院系统，以科研为主结合其他功能的，如北京植物园（南园）、南京中山植物园、九江庐山植物园、武汉植物园、广州华南植物园、贵州植物园、昆明植物园、云南西双版纳植物园等。有归园林系统，以观光游览为主，结合科研、科普和生产的，如北京植物园（北园）、上海植物园、青岛植物园、杭州植物园、厦门植物园、深圳仙湖植物园等。

2. 专业性植物园

专业性植物园是根据一定的学科、专业内容建造的植物园，包括植物标本园、树木园、花卉园、药圃等。这类植物园多属于科研单位、大专院校。因此，专业性植物园又可以称为附属植物园，例如广州中山大学标本园、南京药用植物园等。

（二）选址与规模

1. 选址

植物园的选址对于植物园的规划、建设起到决定性的作用。园址选择的条件应根据植物园的功能、任务等综合因素来考虑。我们应该根据各地的具体条件，因地制宜地进行统一规划、合理布局。植物园的选址要求如下。

第一，植物园宜建在城市近郊区。植物园要尽可能保持良好的自然环境，所以要与繁华嘈杂的城市保持一定的距离，同时又要有便利的交通，使游人易于到达，方便市民参观，但应远离城市污染区。植物园应位于城市活水的上游和城市的上风向地带，避免有污染的水体和污染的大气，以免影响植物的正常生长。植物园应远离工业区，由于工业生产必然要产生废气、废物，这些物质将会影响甚至危害植物的健康生长。植物园要有充足的水源，给排水系统和供电系统要完善，以保证植物园内各项工作能够正常开展。水是植物园内生产、生活、科研、游览等各项工作和活动的物质基础。充足的水源是选择园址的关键要素之一。

第二，为了满足植物对不同生态环境与生态因子的要求，园址应选择在地形、地貌较为复杂，具有不同小气候的地方。不同的海拔高度，为引种不同地区的植物提供了有利因素。例如，庐山植物园成功引种东北落叶松，这是因为植物园海拔高度在 1 100 米以上，夏季也十分凉爽。植物园最好有不同方向的坡向，以利于具有各种不同生态习性的植物的生长。由于植物的习性千差万别，有的喜光、喜高温，而有的耐阴、耐寒冷，例如樟子松属于喜光树种，而油松则多在阴坡分布。因此，南方的植物引种到北方时，一般在温暖的阳坡容易成活；而北方的植物往南方引种时，则在阴坡较易成活。园址最好具有丰富的地形和不同高度的地下水位，以满足不同植物对水分的要求，还要有方便的灌溉系统、排水系统。同时，水体景观也是植物园造景不可或缺的组成部分。

第三，园址要满足不同植物对土壤酸碱度、土壤结构等的要求，如杜鹃、山茶、毛竹、马尾松、红松、棕榈科植物等喜欢酸性土壤；沙棘等喜欢碱性土壤；大多数花草树木喜欢中性土壤。大多数植物喜欢土层深厚、含腐殖质高、排水良好的土壤。

第四，园址最好具有丰富的天然植被，供建园时利用，这对加速建园十分有利。园址的天然植被较丰富且生长良好，说明该用地自然条件较好。反之，我们应对用地的自然条件进行深入研究，尤其要考虑是否有利于木本植物的生长。例如，深圳仙湖植物园位于山前水边，小气候良好，水源充足，天然植物丰富，那里是得天独厚的植物园建设用地。

2. 规模

对于植物园应该拥有多大的面积，我们必须根据植物园的性质、任务和管理程度等从需要与可能两个方面来考虑。

一般正规的植物园的面积最好在1 000亩左右，这是一个值得参考的数据。1963年出版的《国际植物园名录》上载有美国的植物园103个，列出面积的有94个，平均面积是77.8 hm^2；苏联的植物园有90个，平均每个植物园的面积为76.9 hm^2。由于植物园要创造适于多种植物生长的环境，其面积不能太小。我国规定，植物园面积宜大于40 hm^2。

（三）功能区规划

植物园应拥有体现其特点的科普展览区和科研试验区，除此以外，还应有职工生活区。下面分别加以介绍。

1. 科普展览区

科普展览区的目的是把植物界的客观规律，以及人类长期以来认识自然、利用自然、改造自然和保护自然的知识展示出来，供人们参观、学习。全世界1 000多个植物园，形成了各具特色的科普展览区。科普展览区主要有以下几种形式。

（1）按植物进化系统布置的展览区

这类展览区按照植物的进化系统和植物科、属分类进行布置，反映植物界由低级向高级进化的过程。以上海植物园为例，植物进化区是观赏植物、经济植物和植物系统分类区融于一体的新型、多功能的植物展览区。该区将室内、室外结合起来，宣传植物进化知识。植物进化馆用模型景箱、标本图片来展示植物的进化发展过程。室外展览区设置低等植物区、裸子植物区、双子叶和单子叶植物区。通过室内和室外的展出，游人可以了解轮廓性的植物进化概念。

（2）按植物地理分布和植物区系布置的展览区

这类展览区按照植物原产地的地理分布或植物的区系分布进行布置。例如，莫斯科植物园的植物区系展览区分为远东植物区系、俄欧部分植物区系、中亚细亚植物区系、西伯利亚植物区系、高加索植物区系、阿尔泰植物区系、北极植物区系七个区系。按区系布置展览区的植物园还有加拿大的蒙特利尔植物园、印度尼西亚的茂物植物园。

（3）按植物生态习性与植被类型布置的展览区

这类展览区是按照植物的生态习性、植物与外界环境的关系，以及植物之间的相互作用而布置的展览区。这类展览区可以分为以下三类。

第一，按照植物的生活型布置的展览区。这种展览区根据不同的生活型分别对植物进行展览，如分为乔木区、灌木区、藤本植物区、多年生草本植物区、球根植物区、一年生草本植物区等。由于这种展览区在归类和管理上比较方便，建立较早的植物园多采用这种展览方式，如美国的阿诺德树木园分为乔木区、灌木区、松杉区、藤本区等；俄罗斯的圣彼得堡植物园分为乔木区、灌木区、多年生草本区和一年生草本区等。但这种布置形式存在一些缺点，因为生活型相近的植物对环境的要求不一定相同，而有利于构成一个群落的植物又不一定具有相同的生活型。例如，许多灌木和草本植物要在乔木的庇荫下生长，而藤本植物要攀附在乔木上生长。因此，从用地和管理方面来看，绝对化地按照不同的生活型分开展览也存在很多矛盾。

第二，按照植被类型布置的展览区。这种展览区是根据植物与植物、植物与环境之间的相互关系来布置的。在不同的地理环境中和不同的气候条件下，植物将形成不同的群落。这种不同的典型植物群落就被称为植被类型。

植被类型作为植物园展览区的布置依据是十分重要的内容之一。在园林规划设计过程中，设计者应与植物学家共同合作，植物学家应尽可能提供有关植物群落的科学资料，作为植物园植物群落规划的依据。

第三，按照植物对环境因子的要求而布置的展览区。植物的环境因子主要有水分条件、光照条件、土壤条件和温度条件。

（4）经济植物展览区

从植物园的发展历史来看，它最初是从药用植物的收集和展览开始的。进入 21 世纪的科技高速发展的时代，经济植物在各国社会进步的历程中起到越来越重要的作用。

有关经济植物的科学研究成果直接对国民经济的发展起到重要作用，因此，我国许多主要植物园都开辟了经济植物区。如广州华南植物园、杭州植物园、合肥植物园、海南热带经济植物园等都有经济植物区。海南热带经济植物园在 1979 年以前收集了国内外各种热带经济植物 500 余种，后来又从国内外引种热带、亚热带经济植物 1 220 种，这些经济植物隶属 168 科 681 属。该园已建成 6 个展览区，即热带果树区，热带树木区，热带药用、香料植物区，热带木本油料区，热带棕榈区，热带花卉区。

（5）观赏植物及园林艺术展览区

我国地大物博，地形复杂，地貌多样，兼备热带、亚热带、暖温带、温带、湿润、半湿润、干旱、半干旱气候，从而蕴藏着极其丰富的植物资源。我国观赏植物占相当大的比例。丰富的观赏植物种类，为我国植物园工作者建造各类观赏专类园提供了良好的物质条件。

这类展览区的布置可分成以下两种。

第一，专类花园。在植物园内，专门收集若干著名的或具有特色的观赏植物，创造优美的园林环境，构成供游人游览的专类花园。可以组成专类花园的观赏植物有牡丹、芍药、梅花、菊花、山茶、杜鹃、蔷薇、鸢尾、木兰、丁香、槭树、樱花、荷花、睡莲、棕榈、竹子、大丽花、水仙、百合、玉簪、萱草、唐菖蒲、兰花、海棠、碧桃、桂花、紫薇、仙人掌等。

第二，主题花园。这种花园多以植物的某一固有特征，如芳香的气味、华丽的叶色、丰硕的果实等来突出某一主题。主题花园有芳香园（或夜香花园）、彩叶园、百果园、岩石植物园、藤本植物园、草药园等。

专类花园受到世界各国的重视，不仅具有很好的观赏性、实用性，而且还能保护种质资源；不仅可以在植物园中布置，而且可以在公园、风景区、重要机构、校园中布置。

（6）树木园

树木园是以栽植露地可以成活的野生木本植物为主的展览园。树木园以种子播种为主要引种方式，这对于植物适应地方的气候、土壤、水分等条件更有利。因此，树木园又是植物园最重要的引种驯化基地。

树木园不仅引种我国自然区系的植物，还引种国外的木本植物。世界上很多植物园以树木园 命名，如美国的阿诺德树木园、美国加利福尼亚大学树木园、俄罗斯莫斯科总植物园的树木园等。

我国许多主要植物园中都有树木园，如北京植物园（南园）、沈阳市树木园、南京中山植物园、合肥植物园、杭州植物园、九江庐山植物园、福州树木园、昆明植物园等。

（7）自然保护区

在我国植物园范围内，有些区域被划为自然保护区，如庐山植物园内的“月轮峰自然保护区”保护庐山野生落叶阔叶树种；鼎湖山自然保护区，主要调查研究鼎湖山的植被资源；西双版纳热带植物园的“珍稀濒危植物迁地保护区”建在还保留热带雨林和季雨林的湿热沟谷内，是研究珍贵、稀有、濒危植物的基地。

上述自然区，禁止人为地砍伐与破坏，不对群众开放，主要进行植物科学研究，如研究自然群落、植物生态、种质资源和珍稀濒危植物的保护等。

2. 科研试验区

科研试验区由实验地、引种驯化地、苗圃地、示范地、检疫地等组成。一般科研区不对群众开放。尤其是一些拥有国家保密的植物物种资源的科研试验区，不对外开放，可以有控制地对少数科研人员提供研究场所。

植物园的科研试验区，主要进行外来种的引种、驯化、培育、示范、推广等工作，因此必须提供原始材料圃、移植圃、繁殖圃、示范圃、检疫圃等科研和生产场地。植物园内的生产内容以植物的科学研究为依据。植物园内的检疫工作是十分重要的环节，相关工作人员必须认真做好外来植物的检疫工作，尤其是外国植物引进的检疫工作，以避免境外植物病虫害进入国内，防止植物病毒的传染和蔓延。

一般科研试验区要有一定的防范措施，以便有效控制人员的进出，做好保密工作。科研试验区应与展览区有一定的分隔，应建在较偏僻的区域，以保证展览区的开放活动顺利进行。

3. 职工生活区

为了保证植物园拥有优质的环境，植物园应与市区有一定的距离，大部分职工在植物园内居住。因此，在规划时，我们应考虑设置宿舍、浴室、锅炉房、餐厅、综合性商店、托儿所、车库等，其布局规划与城市中一般生活区的布局规划相似。如北京植物园、杭州植物园、上海植物园、厦门万石植物园将游览与科研结合起来，布局合理，构景有序，是我国植物园的代表。

（四）植物园建筑规划

植物园建筑包括展览建筑、科研用建筑和服务性建筑三类。

1. 展览建筑

展览建筑包括展览温室、大型植物博物馆、展览荫棚、科普宣传廊等。展览温室和大型植物博物馆是植物园的主要建筑，游人比较集中。它们应位于重要的展览区内，靠近主要入口或次要入口，常构成全园的构图中心。科普宣传廊应根据需要分散布置在各区内。

2. 科研用建筑

科研用建筑包括图书资料室、标本室、试验室、工作间、气象站等。苗圃的附属建筑还有繁殖温室、繁殖荫棚、车库等，布置在苗圃试验区内。

3. 服务性建筑

服务性建筑包括植物园办公室、接待室、茶室、小卖部、食堂、休息厅廊、花架、厕所、停车场等。这类建筑的布局与公园建筑的布局类似。

（五）园路规划

植物园道路的布局与公园道路的布局有许多相似之处。植物园道路一般分为三级。

1. 主干道

主干道宽 4 至 7 米，应便于园内交通运输，引导游人进入各主要展览区与主要建筑物，可作为整个展览区与苗圃试验区或几个主要展览区之间的分界线和联系纽带。

2. 次干道

次干道宽 2.5 至 3 米，是各展览区的主要道路，不通汽车，必要时可供小汽车通行。它把各区中的小区或专类园联系起来。多数次干道又是这些小区或专类园的界线。

3. 游步道

游步道宽 1.5 至 2 米，是深入到各小区内的道路，一般交通量不大。游步道主要是方便参观者细致观赏各种植物，也方便日常养护管理工作，有时也起到分界线的作用。

道路系统不仅起着联系、分隔、引导作用，同时也是园林构图中不可忽视的因素。从我国几个大型综合性植物园的道路设计来看，多数采用自然形式来布置道路。主干道担负着交通运输的任务，对坡度应有一定的控制，而其他两级道路都应充分利用原地形，因势利导，形成峰回路转、起伏变化、步移景异的效果。道路的铺装、图案花纹的设计应与周围环境相互协调，纵横坡度一般要求不严，但应该以平整、舒服、不积水为准。

二、动物园规划设计

动物园是集中饲养、展览和研究野生动物和少量优良品种的家禽、家畜，可供人们游览、休息的公园。其主要任务是普及动物科学知识，宣传动物与人的利害关系及经济价值等；作为中小学生的知识直观教材、大专院校实习基地；在科研方面，研究野生动物的繁殖、驯化、病理、治疗方法、习性、饲养，并进一步揭示动物变异的进化规律，创造新品种；在生产方面，繁殖珍贵动物，使动物为人类服务。

（一）常见动物园类型

根据位置、规模、展出的方式，可将动物园划分为以下三类。

1. 城市动物园

城市动物园一般位于大城市近郊区，常收集数百种至上千种动物，展出的动物品种和数量相对较多，展出的形式比较集中。展出方式以人工兽舍与动物室外活动场地为主，人与动物之间有一定的距离。

2. 野生动物园

野生动物园多位于大城市远郊区，面积较大，环境优美，动物的展出品种不多，通常为几十种。动物以群养、敞开放养为主。动物自由地在相对独立的区域活动。参观形式多以游客乘坐游览车的形式为主，参观路线穿过这些区域。野生动物园富有自然情趣和真实感。如我国深圳野生动物园、日本九州自然动物园均属于野生动物园。

3. 专类动物园

专类动物园多位于城市近郊，面积较小，动物展出的品种较少，通常为富有地方特色的品种，如以猿猴类为中心的灵长类动物园、以鱼类为中心的水族类动物园、以昆虫类为中心的昆虫类动物园等。这类动物园往往具有鲜明的特色。

（二）动物园的选址

1. 位置选择

动物园的用地应考虑公园的适当分工，可以根据城市绿地系统来确定。在地形方面，由于动物种类繁多，而且动物来自不同的生态环境，地形宜高低起伏，动物园要有山冈、平地、水面，以及良好的绿化基础和自然风景条件。

在卫生方面，动物时常会狂吠吼叫或散发出恶臭气味，并有通过疫兽、粪便、饲料等传染疾病的可能，因此，动物园最好与居民区有适当的距离，并且位于下游、下风地带。动物园内的水体要防止城市污水的污染，周围要有卫生防护地带，该地带内不应有住宅、公共福利设施、垃圾场、屠宰场、动物加工厂、畜牧场、动物埋葬地等。此外，动物园还应有良好的通风条件，保证空气清新，减少疾病的发生。

在交通方面，动物园客流量比较集中，货物运输量也比较大，动物园如果位于市郊，则需要注意交通联系。一般停车场和动物园的入口宜设在道路一侧，这样较为安全。停车场应与公园入口广场隔开。

在工程方面，动物园应有充足的水源和良好的地基，无流沙现象，以便于建设动物笼台和挖掘隔离沟或水池，还应有经济而安全的供应水电的条件。

为了满足上述要求，大中型动物园通常选择建在城市郊区或风景区内。例如，上海动物园离静安区商业中心 7 至 8 千米；南宁市动物园位于西北部，离市中心 5 千米左右；杭州动物园在西湖风景区内，与虎跑风景点相邻；哈尔滨虎林园地处松花江北岸，与市区隔江相望。

2. 用地规模

动物园应有适合动物生活的环境，有可供游人参观、休息、科普的设施，有安全设施和绿带，有饲料加工场及兽医院。因此，全园面积宜大于 20 hm^2。

（三）动物园的规划

1. 规划布局

动物园的建设周期一般都比较长。因此，我们必须遵循总体规划、分期建设、全面着眼、局部着手的原则，并要有科学观点、群众观点、艺术观点和生产观点。动物园的规划布局需要考虑以下几点。

第一，要有明确的功能分区。交通互不干扰，但又有联系。既要便于饲养、繁殖和管理动物，又要保证动物的展出和游客的参观休息。

第二，要使主要动物笼舍和服务建筑等与出入口广场、导游线有良好的联系，以保证全面参观和重点参观的游客均方便。一般动物园的道路与建筑的关系有以下几种形式。

串联式：建筑出入门与道路一一连接，无选择参观动物的灵活性，适于小型动物园。

并联式：建筑在道路的两侧，需次级道路进行联系，便于车行、步行分工和选择参观，但如规划导游路线不妥，参观时易遗漏或难以找到少数笼舍，适于大中型动物园。

放射式：从入口或接待室起可直接到达园内各区主要的笼舍，适于目的性强、时间短暂的对象参观。

混合式：是以上几种方式根据实际情况的结合，而这种方式却是通常所采用的。

第三，动物园的导游线是建议性的。在设置时，应以景物来引导，符合人行习惯（一般逆时针靠右走）。园内道路可分为主要导游路（主要园路）、次要导游路（次要园路）、便道（小径），以及用于园务管理、接待等的专用园路。主要园路或专用园路要能通行消防车，便于运送动物、饲料等。园路路面必须便于清洁。

第四，动物园的主体建筑应该建在面向主要出入口的开阔地段上，或者建在主景区的主要景点上，也可建在全园的制高点和某种形式的轴线上。例如，广州动物园将动物科普馆设在出入口广场的轴线上。动物园要重视动物科普馆的作用与建设，动物科普馆内可设标本室、解剖室、化验室、研究室、宣传室、阅览室，也可组织生动有趣的动物参观游戏等。笼舍布置宜力求自然，可采用分散与集中相结合，以及导游与观览相结合的方式，如当人们游步在上海动物园天鹅湖沿岸时，既可观赏湖面景色，又可观赏沿途的鸳鸯、游禽。笼舍布置也可采用动静结合的方式，如鸣禽可布置在水边树林中，创造鸟语花香、一框一景的意境，如杭州动物园鸣禽馆等。

第五，服务休息设施要有良好的景观。有的动物园将主要服务设施布置在中部，使得主要服务设施与动物展览区有便捷的联系。厕所、服务点等可在主要动物笼舍建筑内或其附近布置，这有利于游客使用。园内通常不设俱乐部、剧院、音乐厅、溜冰场等，以保证动物的休息，防止瘟疫的传染。

第六，动物园四周应有坚固的围墙、隔离沟和林墙等，并要有方便的出入口，以防止动物逃出园外，保证安全疏散。

2. 功能分区规划

动物园应有明确的功能分区，保证不同类型的动物有不同的区域，以便动物的饲养、管理和繁殖。大中型动物园一般可分为以下四个区。

（1）科普馆

科普馆是全园科普、科研活动的中心，馆内可设标本室、解剖室、化验室、研究室、宣传室、阅览室、录像放映厅等。如南京红山森林动物园两栖爬行馆以普及科普知识为主，展厅内既有仿实景展示的动物，又有大型的解说式展板。科普馆一般布置在出入口地段，用地宽敞，交通便利。

（2）动物展区

动物展区是动物园用地面积最大的区域。动物展览顺序的安排是体现动物园设计主题的关键。在一般动物园的设计中，动物的展览顺序有以下五种形式。

①按动物的进化顺序安排。这种方式的优点是具有科学性，以突出动物的进化顺序（即由低等动物到高等动物）为主。动物展区按照进化顺序，结合动物的生态习性、地理分布、游人的爱好、地方珍贵动物、建筑艺术等做局部调整。在规划布置中，有的动物园凭借有利的地形安排笼舍，形成由数个动物笼舍组合而成的既有联系又有绿化隔离的动物展区，如上海动物园。这种展览方式，使游人具有较清晰的动物进化概念，便于识别动物。其缺点是同一类动物的生活习性往往存在很大的差异，这给饲养管理造成了不便。

②按动物的地理分布安排，即按动物生活的地区，如欧洲、亚洲、非洲、美洲、大洋洲等来安排。这种展览方式有利于创造不同景区的特色，给游人以明确的动物分布概念。如加拿大多伦多动物园仿照世界各个动植物地理分布区域布置了 8 个展厅。但这种展出方式投资大，对管理水平有较高的要求。

③按动物生态习性安排，即按动物生活环境来安排。动物园在设计时应模拟动物的生活环境，如水中、高山、疏林、草原、沙漠、冰山等。这种安排方式对动物生长有利，园容也生动自然。例如，长春动植物公园在园内开辟了一处长白山原野展区，利用城市的建筑垃圾、挖湖的泥土堆建了一座大山，从山下至山顶，模拟长白山区植物的垂直分布带，分带种植代表植物，呈现出长白山植物景观特点。原野的周围用沟隔起来，原野内除种植大量的野生植物外，还散放着北方的野生动物。原野内不搞建筑，动物在山洞或地穴里栖息。原野的外缘还修建了动物栖息的小原野。这种展览方式，不仅对动物生长有利，而且还可增加人们的游兴，给人们带来自然美的享受。

④按游人参观的形式安排。大型的动物园可以按游人参观的形式分为车行区和步行区，两区完全隔离。车行区内以放养式观赏野生动物的方式为主，一般占地面积较大，并且车行区内不允许游人步行，以免发生危险。在步行区游览过程中，游客可以乘坐电瓶车，因为有些动物园的步行区占地面积比较大。例如，重庆野生动物世界以放养式观赏野生动物的方式为主，其步行区分为五大区，即灵长动物区、大型食草动物区、涉禽区、猛兽动物区、鹦鹉长廊和 表演区；其车行区是整个园区最为精彩壮观、完全自然的野生动物观赏区。

⑤按游人爱好、动物珍贵程度、地区特产动物安排。如我国珍稀动物大熊猫是四川的特产，成都动物园为突出熊猫馆，将其安排在入口附近的主要位置上。一般来说，游人喜爱的猴、猩猩、狮子、老虎等多布置在主要位置上。

（3）服务休息区

服务休息区包括科普宣传廊、小卖部、茶室、餐厅、摄影部等。服务休息区要与游人休息广场结合起来。上海动物园将此区置于园内中部地段，并配置大片草地、树林，这不仅方便了游人，也为游人提供了大面积的景色优美的休息绿地。这种布置方法比零星分布的布置方法要好得多。

（4）办公管理区

办公管理区包括饲料站、兽疗所、检疫站、行政办公室等。办公管理区一般设在园内隐蔽、偏僻处，并要有绿化带隔离，但要与动物展区、动物科普馆等有紧密的联系。办公管理区应设专用出入口，以便运输与对外联系。有的将兽疗所、检疫站设在园外。

此外，动物园还有苗圃、饲料加工厂、药厂及动物隔离区等。为了避免干扰和满足卫生防疫的要求，动物园职工生活区一般设在园外。

3. 动物笼舍建筑规划

动物笼舍建筑由以下三个部分组成。

一是动物活动部分，包括室内外活动场地、串笼及繁殖室。

二是游人参观部分，包括进厅、参观厅或参观廊和露天参观园路。

三是管理与设备部分，包括管理室、贮藏室、饲料间、燃料堆放场。

按照动物笼舍建筑与生态环境的差别程度来划分，动物笼舍建筑的基本造型可分为建筑式、网笼式、自然式和混合式。

建筑式笼舍以动物笼舍建筑为主体，适用于不能适应当地生活环境、在饲养时需要特殊设备的动物，如天津水上公园熊猫馆。有些中小型动物园为节约用地、节省投资，也采用建筑式笼舍。

网笼式笼舍是将动物活动区域以铁丝网或铁栅栏围起来，如上海动物园猛禽笼。网笼内也可仿照动物的生长环境来营造环境。

自然式笼舍是指在露天布置动物室外活动场，并模仿动物的自然生长环境，布置山水景观，进行绿化，根据动物的弹跳、攀爬等习性，设立不同的围墙、隔离沟、安全网，将动物放养其内，使动物自由活动。这种笼舍能反映动物的生长环境，适于动物生长，不仅可以增强宣传教育的效果，而且可以激发游人的兴趣，但其用地面积较大，投资也较高。

混合式笼舍是以上三种笼舍建筑造型的不同组合，如广州动物园的海狮池。

动物笼舍是多功能性建筑，必须满足动物生活习性、饲养管理和参观展览方面的要求，而其中动物生活习性方面的要求是起决定性作用的。它包括动物对朝向、日照、通风、给水排水、活动器具、温度等的要求。如大象热天怕热、冷天怕冷，因而只能供室内外季节性展览。室外活动场需设水池。在冬季，室内需布置暖气装置或布置保暖围墙和窗门等。

保证安全是动物笼舍设计的主要特点之一。动物笼舍要使动物与人、动物与动物之间适当隔离，使动物之间不互相伤害或传染疾病。铁栅栏的间距、隔离网孔眼的大小要适当，以防止动物伤人。我们要充分估计动物跳跃、攀缘、飞翔、碰撞、推拉的最大威力，避免动物外逃。

动物笼舍的建筑设计还必须因地制宜，与地形紧密结合起来，从而创造动物原产地的环境气氛。笼舍的造型还需考虑被展出动物的体型，反映被展出动物的性格，如鸟类笼舍应玲珑轻巧，大象、河马的笼舍应厚实稳重，熊的笼舍应粗壮有力，鹿的笼舍宜自然朴野。在色调上，动物笼舍应与周围环境相衬托，宜以淡色为主，并与绿化、水面构成对比。

4. 出入口及园路的规划

动物园的出入口应设在城市人流的主要来向处，应有一定面积的广场，便于人流的集散。出入口附近应设停车场及其他附属设施。除主出入口外，动物园还应设专用出入口和次要出入口。

动物园的道路分为导游路、参观路、散步小路和园务专用小路。主路是最明显、最主要的导游线，要有明显的导向性，方便引导游人到各个动物展览区参观。动物园应通过道路的合理布局来组织参观路线，以调整人流，应避免游人过度集中在最有趣的展出项目处。

动物园道路的布置，除了在出入口及主要建筑附近可采用规则式外，一般应以自然式为宜。对于自然式道路布局，我们应考虑动物园的特殊性，应结合地形的起伏使道路适当弯曲，从而便于游人到达不同的动物展览区。导游路和参观路既要有所区分，又要有便捷的联系，确保主路人流畅通。在道路交叉口处，动物园应结合具体情况设置休息广场。

5. 植物种植规划

在动物园的规划布局中，绿化种植起着主导作用，不仅创造了动物生存的环境，还为各种动物创造了接近自然的景观，为建筑及动物展出创造了优美的背景，同时，为游人创造了良好的游憩环境，统一园内的景观。

动物园的绿化种植应符合动物陈列的要求，符合动物的特点。动物园通过绿化种植可以使各个展区形成自身的特色。动物园应尽可能地结合动物的生存习性和原产地的地理景观，通过种植植物来营造动物生活的环境气氛。动物园也可以根据展出动物选择合适的植物品种，按照群众喜闻乐见的方式将所选择的植物组合起来进行种植，如在猴山附近种植桃、李、杨梅、金梅等，以营造“花果山”的景致；在大熊猫展区多种植竹子；在百鸟园种植桂花、茶花、碧桃、紫藤等，营造出“鸟语花香”的景色。

与一般的文化休息公园相同，动物园的园路绿化也要达到一定的遮阳效果。动物园的园路可布置成林荫路的形式。陈列区应有布置完善的休息林地、草坪做间隔，以便于游人参观陈列动物后休息。建筑广场道路附近应作为重点美化的地方，充分发挥花坛、花境、花架的装饰作用。

一般来说，动物园的周围应设有防护林带。卫生防护林可以起到防风、防尘、消毒、杀菌的作用，以半透风结构为宜。北方地区可选择常绿落叶混交林，南方地区可选择常绿林。如果动物园位于当地主导风向处，动物园可以加大防护林带的宽度，并可以利用园内与主导风向垂直的道路增设次要防护林带。在陈列区与管理区、兽医院之间，动物园也应设有防护林带。

在树种的选择方面，动物园应选择叶、花、果无毒的树种，以及树干、树枝无尖刺的树种，以避免动物受到伤害。

三 学习任务

任务目的

1. 掌握特殊公园规划设计的内容和方法。
2. 能够灵活运用各景观元素配置原则进行专类公园规划设计。

3. 能够规范绘制专类公园规划设计的平面图、立面图、效果图。

4. 能够编写专类公园的设计说明书和植物名录。

任务内容与要求

1. 综合运用专类公园规划设计的知识对给定的专类公园项目进行规划设计，呈交一套完整的设计文件（包括设计图纸和设计说明）。

2. 所有图纸的图面要求表现力强、线条流畅、构图合理、清洁美观，图例、文字标注、图幅等符合制图规范。

3. 设计说明要求语言流畅、言简意赅，能准确地对图纸进行补充说明，体现设计意图。

任务实施

1. 项目分析：做好设计前的准备工作，了解、调查当地的地形、地质、地貌、气候等自然条件。

2. 收集资料：查阅有关专类公园设计的规范，并收集、整理基础图纸等相关资料。

3. 制定方案：做出总体方案初步设计，经过研讨与修改，确定最终的设计方案。

4. 完成设计：依据总体方案绘制设计图纸，包括总平面图、主要景观的立面图、局部效果图等。

5. 编制设计说明书，编写植物名录和其他材料。

模块五

郊外园林规划设计研究

本模块知识架构

- 森林公园规划设计
  - 森林公园概述
  - 森林公园规划设计
- 湿地公园规划设计
  - 湿地公园概述
  - 湿地公园规划设计
- 农业观光园规划设计
  - 观光农业概述
  - 农业观光园的景观元素
  - 农业观光园景观规划设计

任务一　森林公园规划设计

学习目标	能力目标	素质目标
1. 了解森林公园的类型和特点。 2. 掌握森林公园规划设计的方法和内容。	1. 能够结合实际，分析森林公园的组成要素及其各自的设计要点。 2. 能够根据森林公园的风格和性质，进行森林公园的规划设计。 3. 能够绘制相应的平面图和效果图，同时能够进行森林公园设计方案的评赏。	1. 具有善于观察和分析问题的能力。 2. 具有善于借鉴和应用的能力。 3. 具有严谨的创新精神和求实态度。

知识准备

一、森林公园概述

森林作为重要的自然资源，在保护国土生态环境方面具有不可替代的作用。同时，陶冶情操、修身养性的森林游憩需求日益增长。

20 世纪 80 年代初，为了保护森林生态环境，满足人们日益增长的森林游憩需求，我国开始建立森林公园体系。自 1982 年 9 月建立第一个森林公园——湖南省张家界国家森林公园开始，我国森林公园的建设保持快速增长的良好态势。台湾从 1982 年开始，建立了玉山、阳明山、太鲁阁和雪霸等 5 处以保护生态环境和自然景观为主的国家森林公园，总面积 30 多万公顷。我国已经形成了以国家森林公园为骨干，国家级、省级和市（县）级森林公园相结合的森林公园体系。

（一）森林公园的概念

1994 年，原林业部颁布的《森林公园管理办法》第二条规定："本办法所称森林公园，是指森林景观优美，自然景观和人文景物集中，具有一定规模，可供人们游览、休息或进行科学、文化、教育活动的场所。" 1996 年，国家颁布的《森林公园总体设计规范》提出，森林公园 "以良好的森林生态环境为主体，充分利用森林旅游资源，在已有的基础上进行科学保护、合理布局、适度开发建设，为人们提供旅游度假、休憩、疗养、科学教育、文化娱乐的场所"。以上两个定义强调了森林公园的景观特征和主要功能。

1999 年发布的国家标准《中国森林公园风景资源质量等级评定》指出，森林公园是 "具有一定规模和质量的森林风景资源与环境条件，可以开展森林旅游，并按法定程序申报批准的森林地域"。该定义明确了森林公园必须具备以下基本条件。

第一，具有一定面积和界线的区域范围。第二，以森林景观资源为背景或依托。第三，该区域需具有游憩价值，有一定数量的自然景观或人文景观，区域内可为人们提供游憩、健身、科学研究和文化教育等活动的场所。第四，必须经由法定程序申报和批准，其中，国家级森林公园必须经中国森林风景资源评价委员会审议，国家林业和草原局批准。

（二）森林公园的类型

为了便于管理经营和规划建设，我们可以根据等级、规模、区位、景观等基本特征，从不同角度对森林公园进行类型划分。具体见表 5-1-1。

表 5-1-1　我国森林公园的类型划分

分类标准	主要类型	基本特点
按管理级别分类	国家级森林公园	森林景观特别优美，人文景物比较集中，观赏价值、科学价值、文化价值高，地理位置特殊，具有一定的区域代表性，旅游服务设施齐全，有较高的知名度，并经国家林业和草原局批准
	省级森林公园	森林景观优美，人文景物相对集中，有较高的观赏价值、科学价值、文化价值，在本行政区内具有代表性，具备必要的旅游服务设施，有一定的知名度，并经省级林业行政主管部门批准
	市、县级森林公园	森林景观有特色，景点景物有一定的观赏价值、科学价值、文化价值，在当地有一定的知名度，并经市、县级林业行政主管部门批准
按地貌景观分类	山岳型	以奇峰怪石等山体景观为主，如安徽黄山国家森林公园
	江湖型	以江河、湖泊等水体景观为主，如河南南湾国家森林公园
	海岸-岛屿型	以海岸、岛屿风光为主，如河北秦皇岛海滨国家森林公园
	沙漠型	以沙地、沙漠景观为主，如陕西定边沙地国家森林公园
	火山型	以火山遗迹为主，如内蒙古阿尔山国家森林公园
	冰川型	以冰川景观为特色，如四川海螺沟国家森林公园
	洞穴型	以溶洞或岩洞型景观为特色，如浙江双龙洞国家森林公园
	草原型	以草原景观为主，如河北木兰围场国家森林公园
	瀑布型	以瀑布风光为特色，如贵州黄果树瀑布国家森林公园
	温泉型	以温泉为特色，如广西龙胜温泉国家森林公园
按经营规模分类	特大型森林公园	面积 6 万公顷以上，如浙江千岛湖森林公园
	大型森林公园	面积 2 万～6 万公顷，如黑龙江乌龙森林公园
	中型森林公园	面积 0.6 万～2 万公顷，如陕西太白山国家森林公园
	小型森林公园	面积 0.6 万公顷以下，如湖南张家界森林公园

续表

分类标准	主要类型	基本特点
按区位特征分类	城市型森林公园	位于城市的市区或其边缘的森林公园，如上海共青森林公园
	近郊型森林公园	位于城市近郊区，一般距离市中心 20 千米以内，如苏州上方山森林公园
	郊野型森林公园	位于城市远郊县区，一般距离市区 20 ～ 500 千米，如南京老山国家森林公园
	山野型森林公园	地理位置远离城市，如湖北神农架国家森林公园

（三）森林公园的特点

森林公园具有特殊的地理位置和气候特点，形成了丰富的自然生态系统和景观类型，主要具有以下几个特点。

1. 森林景观独具特色

森林公园把地球上数千千米范围内水平的气候带、植物带依次排布，形成了独具特色的森林景观垂直分布带，界限清晰，色调分明，各林带原始纯林、人工林保存完好，具有常绿、多层混交、异龄等特点。森林公园内山水相依，溪流、清泉、群山、飞瀑等自然景观，令人视野开阔、胸襟宽畅；山岭起伏，浩瀚如海；翠城全貌，尽收眼底；云雾缥缈，翻飞波澜；景色雄奇，风光秀丽……森林公园美不胜收，具有非常独特的一面。自然旅游资源丰富，森林植被繁茂葱郁，奇树异木千姿百态，溪谷瀑泉美不胜收，生态环境清幽宜人。森林公园具有原始、神秘、清幽、秀丽、静美、纯朴等特点，以林茂、树奇、境幽、壑险、水秀为特色，“绝尘土之埃，无车马之喧”，是现代都市居民远离尘嚣、亲近自然的佳境。

2. 生物种类丰富珍奇

森林公园内有野生植物、乔灌木、陆生药用植物、经济木材、纤维植物，此外还有花卉与绿化树种等。野生动物资源也十分丰富，有兽类、鸟类、两栖爬行类，有的被列为国家级保护的珍稀动物，有的被列为国家级保护动物、省级保护野生动物。总之，森林公园生物种类繁多，资源丰富，区系复杂，起源古老，是天然的物种基因库。

3. 山地地貌奇特险峻

低山区谷狭深幽，山色云影开合得体。中山区山势陡峭，奇峰对峙，重峦叠嶂。高山区地貌形态千姿百态，妙趣横生。

4. 矿泉水资源得天独厚

森林公园矿泉水不但丰富，而且含有多种对人体有益的矿物质和微量元素，可以进行开发和利用，是优良的医疗矿泉水。

5. 人文景观历史悠久

历史留下大量的文物古迹、诗词歌赋和民间传说，这为森林公园增添了迷人的色彩。除此之外，许多美丽的传说使森林公园更具神秘感和引人入胜的特点。

二、森林公园规划设计

(一)规划原则

根据《森林公园总体设计规范》，森林公园规划设计的指导思想是以良好的森林生态环境为主体，充分利用森林资源，在已有的基础上进行科学保护、合理布局、适度开发建设，为人们提供旅游度假、休憩、疗养、科学教育、文化娱乐的场所，以开展森林旅游为宗旨，逐步提高经济效益、生态效益和社会效益。

在这个指导思想下，森林公园的规划应遵循下列基本原则。

第一，森林公园的规划建设以保护生态环境为前提，遵循开发与保护相结合的原则。在开展森林旅游的同时，重点保护好森林生态环境。

第二，森林公园建设应以资源为基础，以市场为导向，其建设规模必须与游客规模相适应。应充分利用原有设施，进行适度建设，切实注重实效。

第三，在充分分析各种功能特点及其相互关系的基础上，以游览区为核心，合理组织各种功能系统，既要突出各功能区的特点，又要注意总体的协调性，使各功能区相互配合、协调发展、构成一个有机整体。

第四，森林公园应以森林生态环境为主体，突出景观资源特征，充分发挥自身优势，形成独特风格和地方特色。

第五，要有长远意识，为今后发展留有余地。建设项目的具体实施应突出重点、先易后难。建设项目可视条件进行分步实施。

(二)规划布局

作为森林公园的主体，森林是人们观赏和娱乐的主要对象。凡是与森林息息相关的动植物资源都在森林公园特有的开发利用范畴内。

森林公园中自然条件包含的内容广泛，如山体、地形地貌、水体、气象气候等，它们也可作为森林公园开发的内容。

森林公园与自然保护区、风景区的规划都强调保护自然资源不被破坏，这涉及整个生态环境的保护。因此，在森林公园规划中，应该首先考虑有意识地划分出一些区域，对植物、动物、具有典型地质地貌特征的区域进行科学的保护，发挥森林公园的多种功能。

在森林公园总体规划中，规划原则、工程技术指标等都应以国家有关规范、法规为标准。

(三)分区规划

根据《森林公园总体设计规范》及森林公园的地域特点、发展需求，可因地制宜地进行功能分区。

1. 游览区

游览区是游客进行游览观光、森林游憩的区域，是森林公园的核心区域，主要用于景区、景点建设。

2. 游乐区

对于距城市50千米之内的近郊森林公园，为了弥补景观不足，吸引游客，在条件允许的情况下，需建设大型游乐项目及体育活动项目时，应单独划分区域。

3. 森林狩猎区

森林狩猎区为狩猎场建设用地。

4. 野营区

野营区为开展野营、露宿、野炊等活动的用地。

5. 旅游产品生产区

在较大型森林公园中，旅游产品生产区是用于发展森林旅游的种植业、养殖业、加工业等的用地。

6. 生态保护区

生态保护区是以保持水土、涵养水源、保护森林公园生态环境为主的区域。

7. 生产经营区

在较大型、多功能的森林公园中，生产经营区是用于木材生产等非森林游憩的各种林业生产用地。

8. 接待服务区

接待服务区用于集中建设宾馆、饭店，以及提供购物、娱乐、医疗等接待服务项目。

9. 行政管理区

行政管理区为行政管理建设用地。

10. 居民住宅区

居民住宅区为森林公园职工及森林公园境内居民集中建设住宅的用地。

（四）规划设计要求

由于森林公园的类型不同，规划设计各有侧重点。但从整体上讲，我们在规划时要处理好森林公园的自然性和设计的人文性之间的关系。具体要求如下。

第一，森林公园规划设计必须遵守《中华人民共和国森林法》《中华人民共和国文物保护法》《中华人民共和国环境保护法》等法律法规。

第二，必须保护好原有的自然景观和人文景观的特点，保护园内动植物景观资源，保持地形地貌的完整性，维持森林生态平衡，在保护的基础上适度开发。

第三，在呈现自然景观资源特点的基础上进行适度开发，在开发时要保护公园的环境，在景点和主要景面上不能安排有损于景观的项目，如有碍景观的构筑物、污染空气和水质的工业项目、有传染病的疗养单位等。

第四，公园内的建筑物要有一定的格调，并要与公园相协调。旅游服务建筑不能建在主要风景区，最好依托于附近的城市。

第五，森林公园要有特色。例如，虽然湖南张家界森林公园、四川九寨沟森林公园和陕西太白山国家森林公园等同属于自然景观类型的森林公园，但是湖南张家界森林公园突出了地貌景观，集中了 2 000 多座奇峰异石，吸引着游客，四川九寨沟森林公园是以众多的高山湖泊、瀑布和五彩缤纷的植物景观为主，而陕西太白山国家森林公园以温水泉和秦岭主峰太白山的植物垂直分布带而闻名，它们各有特色。

第六，对于有纯自然景观的森林公园和自然保护区，除修筑必需的道路外，不宜创造人工景观，尽可能维持原始的自然景象，使游人欣赏到原始的风貌，这样别有情趣。

第七，应做到全面规划、保证重点。这样，一方面能保证合理地使用资金，另一方面能较好地保持森林公园的自然风貌。例如，美国黄石公园重点突出了天然喷泉，对于其他景观，如森林、草地、峡谷、瀑布等，均在原来面貌上稍加修改，保持了原来的自然风貌，游人在观赏之余，能学到很多自然科学知识。

第八，不能用艺术美的观点去规划设计森林公园，因为森林公园以自然美为主，自然美只能靠自然形成，不能由人工去创造。

第九，要处理好国家、集体、文物部门、宗教部门之间的关系，有问题时通过协商来解决。

总之，森林公园是一种天然公园。从美学观点来看，它是供人们享受自然美的。因此，对森林公园进行规划设计时，我们应侧重于保护、开发和利用。把森林公园当作人工建造的园林进行规划设计，是一种原则上的误解。

（五）保护、防护规划

发展森林游憩业、建设森林公园，首先要保护好自然资源和风景资源。森林公园的保护、防护规划应考虑以下三个方面的内容：第一，从保护森林生态环境的角度出发，合理确定森林公园所能允许的环境容量和活动方式；第二，在规划时，应由主管部门组织生态学、野生动物学、植物学、土壤地质学等行业的专家与风景园林专家一起进行风景资源的调查评价，并制定相应的保护条例和保护措施；第三，对于森林游憩活动可能带来的火灾、林木毁坏，以及森林的其他病虫灾害，应做出相应的防护规划。

1. 确定合理的环境容量

环境容量确定的根本目的在于确定森林公园的合理游憩承载力，即一定时期、一定条件下，某一森林公园的最佳环境容量。确定合理的环境容量既能对风景资源提供最佳保护，又能使尽量多的游人得到最大满足。因此，在确定最佳环境容量时，我们必须综合比较生态环境容量、景观环境容量、社会经济环境容量和影响容量的诸多因子。

按照《森林公园总体设计规范》的相关规定，森林公园环境容量的测算可采用面积法、卡口法、游路法三种方法。我们应根据森林公园的具体情况，因地制宜地选用相应的方法。

（1）面积法

面积法是以游人可进入、可游览的区域面积进行计算。

$$C=A/a\times D$$

式中，C 为日环境容量，单位为人次；A 为可游览面积，单位为平方米；a 为每位游人应占有的合理面积，单位为平方米；D 为周转率，D=景点开放时间 / 游完景点所需时间。

（2）卡口法

卡口法适用于溶洞类及通往景区、景点必经并对游客量具有限制因素的卡口要道。

$$C=D \times A$$

式中，C 为日环境容量，单位为人次；D 为日游客批数，$D=t_1/t_3$；A 为每批游客人数；t_1 为每天游览时间，$t_1=H-t_2$，单位为分；t_3 为两批游客相距时间，单位为分；H 为每天开放时间，单位为分；t_2 为游完全程所需时间，单位为分。

（3）游路法

对于游人仅能沿山路步行游览、观赏风景的地段，可采用此法计算。

$$C=M/m \times D$$

式中，C 为日环境容量，单位为人次；M 为游步道全长，单位为米；m 为每位游客占用合理游步道长度，单位为米；D 为周转率，D= 游步道全天开放时间 / 游完全游步道所需时间。

依据容量进行规划的基本目的是使游人合理地、适当地分布在森林公园中，使游人各得其所，使各类风景资源物尽其用。为了达到这一目的，可采取以下方法：第一，对于游人过于集中的景区，可采用疏导的方法，开发新的景点或景区，使游人合理地分布于森林公园中；第二，在对现有游憩状况进行调查、评价的基础上，从规划设计上调整不合理的功能布局，提高环境容量；第三，改变传统的“一线式”游览方式，解决游人常集中于游步道上的弊病。

2. 森林公园火灾的防护

开展森林游憩活动对森林植被造成的最大的潜在威胁是森林火灾。游人吸烟和野炊所引起的森林火灾占有相当大的比例。森林火灾会毁灭森林内的动植物，火灾后的木灰有时会冲入河流，使大批鱼群死亡。森林火灾还会使游憩设施受损，使游客受到伤害。

然而，在森林中开展野营、野餐等活动，点燃一堆营火烘烤食物，会大大提高人们的游兴。因此，我们在规划时应提出安全的用火方式，选择适宜的用火地点，以满足游人的需求，并保障林木的安全。森林公园火灾的防护措施及方法如下。

第一，在规划设计时，对于发生森林火灾的可能性大的游憩项目（如野营、野炊等），应尽可能选择在林火危险度小的区域开展。林火危险度的大小主要取决于林木的特性、郁闭度、林龄、地形、海拔、气候等因素。

第二，对于野营、野餐等活动，应有指定地点并相对集中，避免游人任意点火而对森林造成危害。同时，对野营、野餐活动的季节应进行控制，避免在最易引起火灾的干旱季节进行野营、野餐活动。

第三，在野营区、野餐区和游人密集的地区，应开设防火线或营建防火林带。防火线的宽度不应小于树高的 1.5 倍。但从森林公园的景观要求来看，营建防火林带更为理想。防火林带应设在山脊处或设在野营地、野餐地的道路周围。防火林带应与当地防火季的主导风向垂直。

第四，森林公园中的防火林带应尽量与园路相结合。这样可以保护主要游览区不受邻近区域发生火灾的影响。同时，便利的道路系统也为迅速扑灭林火提供了保障。

第五，在森林公园规划和建设中，应建立相应的救火设施和系统，除营建防火林带、建立道路系统外，还应增设防火瞭望台，加强防火通信设施、消防器材的管理。更重要的是加强对游人和职工的管理教育，加强防火宣传，防患于未然。

3. 森林公园病虫害防治

防止森林病虫害的发生，保障林木的健康生长，给游人提供一个优美的森林环境，是森林公园管理的重要方面。森林病虫害防治的主要方法有四个。

第一，在“适地适树”的原则下，营造针阔混交林，这是保持生态平衡和控制森林病虫害的基本措施。

第二，加强森林经营管理。根据不同的森林类型、生态结构状况，适时地采用营林措施。及时修枝、抚育、间伐、施肥、招引益鸟益兽等，可长期保持森林的最佳生态环境。

第三，生物防治。利用天敌防治害虫，通过一系列生物控制手段，打破原来害虫与天敌之间形成的数量平衡关系，重新建立一个新的相对平衡的生态系统。

第四，物理、化学防治。物理方法主要是利用害虫趋光性进行灯光诱杀，而化学防治只是急救手段。高效、低毒、残效期长、内吸性强和渗透性强的杀菌剂、烟剂、油剂和超低量喷雾的防治技术有所进步。

三 学习任务

任务目的

1. 掌握森林公园规划设计的内容和方法。

2. 能够灵活运用各景观元素配置原则进行森林公园规划设计。

3. 能够规范绘制森林公园规划设计的平面图、立面图、效果图。

4. 能够编写森林公园的设计说明书和植物名录。

任务内容与要求

1. 综合运用森林公园规划设计的相关知识对给定的森林公园项目进行规划设计，呈交一套完整的设计文件（包括设计图纸和设计说明）。

2. 所有图纸的图面要求表现力强、线条流畅、构图合理、清洁美观，图例、文字标注、图幅等符合制图规范。

3. 设计说明要求语言流畅、言简意赅，能准确地对图纸进行补充说明，体现设计意图。

任务实施

1. 项目分析：做好设计前的准备工作，了解、调查当地的地形、地质、地貌、气候等自然条件。

2. 收集资料：查阅森林公园设计的相关规范，并收集、整理基础图纸等相关资料。

3. 制定方案：做出总体方案初步设计，经过研讨与修改，确定最终的设计方案。

4. 完成设计：依据总体方案绘制设计图纸，包括总平面图、主要景观的立面图、局部效果图等。

5. 编制设计说明书，编写植物名录和其他材料。

任务二 湿地公园规划设计

学习目标	能力目标	素质目标
1. 了解湿地公园的类型和特点。 2. 掌握湿地公园规划设计的方法和内容。	1. 能够结合实际，分析湿地公园的组成要素及其各自的设计要点。 2. 能够根据湿地公园的风格和性质，进行湿地公园的规划设计。 3. 能够绘制相应的平面图和效果图，同时能进行湿地公园设计方案的评赏。	1. 具有善于观察和分析问题的能力。 2. 具有善于借鉴和应用的能力。 3. 具有严谨的创新精神和求实态度。

知识准备

一、湿地公园概述

（一）湿地公园的概念

湿地公园是以具有显著或特殊生态、文化、美学和生物多样性价值的湿地景观为主体，具有一定的规模和范围，以保护湿地生态系统完整性、维护湿地生态过程和生态服务功能并在此基础上充分发挥湿地的多种功能、实现湿地合理利用为宗旨，可供公众游览、休闲或进行科学、文化和教育活动的特定湿地区域。

湿地公园与其他水景公园的区别在于湿地公园强调湿地生态系统的生态特性和基本功能的保护和展示，突出湿地所特有的科普教育内容和自然文化属性。湿地公园与湿地自然保护区的区别在于湿地公园强调利用湿地开展生态保护活动和科普活动的教育功能，以及充分利用湿地的景观价值和文化属性丰富居民休闲娱乐活动的社会功能。

（二）湿地公园的特点

湿地景观是湿地公园的主要景观，在公园中发挥主体性作用。湿地公园最根本的属性在于它的湿地特征，不论这种湿地是天然形成的还是人工形成的。湿地公园首先是自然的公园，其中的湿地应具有一定的规模和范围，特征典型，自然风景优美，美学价值较高，生物多样性丰富，生态系统功能和生态效益良好。

湿地公园以湿地保护为前提。湿地资源的保存与保护是湿地公园设立的首要宗旨，其内容主要为通过物种的保护及其栖息地的保护以达到维护物种生态平衡、生态系统功能完整的目的。

湿地公园具有观赏游憩、科普教育、科学研究等功能。旅游观光是湿地公园所具有的最基本的功能，湿地公园的旅游更强调生态旅游的特色。湿地公园也是以环境保护为主要内容的科普教育的重要基地，游人通过对湿地的了解，可以增强保护自然的意识。另外，湿地公园也是科研人员研究湿地形成过程、探索湿地奥秘的重要场所。

（三）湿地公园的分类

1. 按湿地资源状况划分

（1）海滩型

海滩型湿地包括永久性浅海水域，在多数情况下，在低潮时水位低于6米。海滩型湿地也包括一些海湾和海峡。

（2）河滨型

河滨型湿地包括河流及其支流、溪流、瀑布，以及季节性、间歇性、定期性的河流。

（3）湖沼型

湖沼型湿地公园是利用大片湖沼湿地建设的湿地公园。

2. 按湿地成因划分

（1）天然型

天然型湿地公园是指利用原有的天然湿地所开辟的湿地公园，一般规模较大的湿地公园都属于天然型湿地。

（2）人工型

人工湿地公园是指利用人工湿地或人工兴建开发的湿地公园。

3. 按生产生活用途划分

（1）养殖型

养殖型湿地公园是指部分湿地区域用于渔业养殖，含有鱼塘和虾塘的湿地公园。

（2）种植型

种植型湿地公园是指湿地的部分区域用于农业种植和灌溉，含有稻田、水渠、沟渠的湿地公园。

（3）盐碱型

盐碱型湿地主要是盐碱次生湿地，包括城市及郊区的盐池、蒸发池等。

（4）废弃地型

废弃地型湿地主要是工矿开采过程中遗留的废弃地所形成的湿地，包括采石坑、取土坑、采矿池。废弃地型湿地公园是经人工修复后形成的城市湿地公园。

4. 按游憩内容划分

（1）展示型

展示型湿地不具备自然演替的功能，将生态学的手法和技术手段向游人进行展示，具有教育、科普宣传的作用，具有湿地外貌，无湿地功能，只是向游人展示完整的湿地功能。

（2）仿生型

仿生型湿地公园是模仿湿地的原始形态并加以归纳、提炼的人工湿地公园，具有一定的自然演替功能。仿生型湿地具有湿地外貌，具有一定的湿地功能。

（3）自然型

自然型湿地公园是完全处于野生状态的湿地公园，可供居民参观、游憩，具有完备的湿地功能，反映自然湿地的特性，具有自然演替的功能。其湿地多属于生态保护型湿地。

（4）恢复型

恢复型湿地公园原本是湿地场所，由于建设导致湿地性质消失，后又经过人工恢复，具有湿地外貌，具有一定的湿地功能。

（5）污水净化型

污水净化型湿地公园用于污水的净化与水资源的循环利用，具有湿地外貌，有一定的湿地功能。

（6）环保休闲型

环保休闲型湿地公园一方面利用湿地处理城市污染，另一方面具有休闲娱乐功能。

（四）湿地公园的功能

湿地公园是集湿地生态保护、生态观光休闲、生态科普教育、湿地研究等多功能于一体的公园。其功能具体概括如下。

1. 保护生态环境

（1）蓄水防洪，调节径流，削减洪峰，补给地下水

湿地作为一个巨大的蓄水库可以储存雨季的降水，减少下游的洪水量，同时，湿地植被可以减缓水流，从而调节径流和削减洪峰，延迟洪峰的到来。湿地具有强大的蓄水作用，可以补给地下水，使湿地的地表水转换为地下水，为持续用水提供了保障。

（2）净化水体，消除污染

湿地的物理属性和化学属性使得湿地具有去除和沉淀湿地水流中的污染物和漂浮物的作用，同时，湿地中的各种微生物作为分解者可以分解有毒物质，从而发挥净化水体、降解有毒物质的功能。

（3）调节区域气候，改善和提高环境质量

湿地具有蒸发作用，可以提高空气湿度，保持一定的降雨量，降低热岛效应，同时湿地的植被可以净化空气和降低噪音。

（4）保护和维持生物多样性

湿地是生物多样性最为丰富的生态系统，动植物种类繁多。湿地物种的多样性有利于生物多样性的维持和保护，有利于可持续发展。

2. 生态观光休闲

湿地生态系统有着丰富的动植物资源，有着优越的生态环境和独特的自然景观。湿地是人们休闲娱乐和活动交往的主要场所。近水、亲水是人类的天性，人们都喜欢在有水的地方游览、游憩。湿地景观的特性、大面积的水域和良好的生态环境能满足人们游玩的需要。湿地有着独特的自然景观，人们在其中游憩，可以得到精神上的愉悦，缓解工作压力和生活压力。

3. 生态科普教育

人类文明几乎都发源于江河附近的湿地，很多湿地还保留着人类早期活动的遗迹，因此湿

地可以作为教学实习、科普和环境保护的基地，可以加深人类对湿地的认识，可以增强人类的环境保护意识。

4. 其他功能

湿地以其丰富的自然资源和高效的生产力为人类提供物质资料和重要的生态环境基础，具有经济功能、生态环境功能和社会文化功能。

二、湿地公园规划设计

（一）湿地公园设计原则

湿地公园规划应根据各地区人口、资源、生态和环境的特点，以维护湿地系统生态平衡、保护湿地功能和湿地生物多样性、实现资源的可持续利用为基本出发点，坚持“全面保护、生态优先、合理利用、持续发展”的方针，充分发挥湿地的生态效益、经济效益和社会效益。在规划设计湿地公园时，应遵循以下几个原则。

1. 系统保护的原则

（1）保护湿地的生物多样性

湿地公园应为各种湿地生物提供最大的生存空间，营造适宜生物多样性发展的环境空间，对生境的改变应控制在最小的程度和范围内，提高湿地生物物种的多样性，并防止外来物种的入侵造成灾害。

（2）保护湿地生态系统的连贯性

我们应保持湿地与周边自然环境的连续性，保证湿地生物生态廊道的畅通，确保动物有避难场所，避免人工设施的大范围覆盖，确保湿地的透水性，寻求有机物的良性循环。

（3）保护湿地环境的完整性

我们应保持湿地水域环境和陆域环境的完整性，避免湿地环境的过度分割而造成的环境退化，保护湿地生态的循环体系和缓冲保护地带，避免城镇发展对湿地环境的过度干扰。

（4）保持湿地资源的稳定性

我们应保持湿地水体、生物、矿物等各种资源的平衡与稳定，避免各种资源的贫瘠化，确保湿地公园的可持续发展。

2. 合理利用的原则

第一，合理利用湿地动植物的经济价值和观赏价值。

第二，合理利用湿地提供的水资源、生物资源和矿物资源。

第三，合理利用湿地开展休闲与游览活动。

第四，合理利用湿地开展科研与科普活动。

3. 协调建设原则

第一，湿地公园的整体风貌与湿地特征相协调，体现自然野趣。

第二，建筑风格应与湿地公园的整体风貌相协调，体现地域特征。

第三，公园建设优先采用有利于保护湿地环境的生态化材料和工艺。

第四，严格限定湿地公园中各类管理服务设施的数量、规模与位置。

（二）湿地公园功能分区规划

湿地公园一般包括重点保护区、湿地展示区、游览活动区和管理服务区等区域。

1. 重点保护区

针对重要湿地或湿地生态系统较为完整、生物多样性丰富的区域，湿地公园应设置重点保护区。在重点保护区内，湿地公园可以针对珍稀物种的繁殖地及原产地设置禁入区，针对候鸟及繁殖期的鸟类活动区设立临时性的禁入区。此外，考虑到生物的生息空间及活动范围，湿地公园应在重点保护区外围划定适当的非人工干涉圈，以充分保证生物有良好的生息场所。

重点保护区内只允许开展各项湿地科学研究、保护与观察工作。重点保护区内可根据需要设置一些小型设施，为各种生物提供栖息场所和迁徙通道。重点保护区内的所有人工设施的设置应以确保原有生态系统的完整性为前提。

2. 湿地展示区

湿地公园可以在重点保护区外围建立湿地展示区，重点展示湿地生态系统、生物多样性和湿地自然景观，开展湿地科普宣传和教育活动。对于湿地生态系统和湿地形态相对缺失的区域，我们应加强湿地生态系统的保护和恢复工作。

3. 游览活动区

湿地公园可以利用湿地敏感度相对较低的区域，划分游览活动区，开展以湿地为主体的休闲、游览活动。在游览活动区内，我们可以规划适宜的游览方式和活动内容，安排适度的游憩设施，避免游览活动对湿地生态环境造成破坏。同时，我们应加强游人的安全保护工作，防止意外发生。

4. 管理服务区

湿地公园可以在湿地生态系统敏感度相对较低的区域规划管理服务区，设置游客服务接待中心、休闲茶餐厅、公园管理室、停车场等，但要尽量减少对湿地整体环境的干扰和破坏。

上述四个区域是湿地公园必须具有的区域。各个湿地公园还应根据资源与环境状况划分其他区域。

（三）湿地公园环境容量规划

环境容量是指在不破坏湿地自然特性和自然演替的条件下，湿地公园可以容纳的游人数量。为了确保湿地公园游人容量不超过生态环境的承受能力，确保游客有一个安全、舒适的游览环境，避免拥挤、混乱等情况发生，同时为湿地公园的内外交通、给排水、电力电信、服务供应等的规划设计与建设提供充足的依据，我们需对湿地公园进行游人容量测算。

为了科学预测游人容量，我们在规划时应考虑各景区的资源特点，因地制宜地采用不同的方法来测算，再将各景区的游人容量相加，得出景区总的游人预测容量。湿地公园的游人容量主要取决于景区水体的生态环境容量。

生态环境容量（Q_e）是指在一定时间内，在旅游地域的自然生态环境不致退化的前提下，景区所能容纳的活动量。其大小取决于旅游地自然生态环境净化与吸收污染物的能力，以及一定时间内每个游客所产生的污染物量。其大小还与区域内生物对人类活动的敏感度有关。生态环境容量一般包括水体环境容量、大气环境容量、固体垃圾环境容量、生物环境容量四个部分。生态环境容量（Q_e）的计算模式如下。

$$Q_e=\text{Min}\{\text{水体环境容量、大气环境容量、固体垃圾环境容量、生物环境容量}\}$$

一般来说，在水体环境容量、大气环境容量、固体垃圾环境容量、生物环境容量中，景区的水体环境容量、大气环境容量和固体垃圾环境容量不会成为生态环境容量的限制因子，生态环境容量主要取决于生物环境容量。生物环境容量是指在旅游活动对区域内鸟类、水生生物不产生显著影响的条件下所能容纳的旅游人数。生物环境容量的计算方法如下。

$$Q_v=\text{水体可供游览面积}\times\text{船均载客量}\div\text{船均生物影响承受标准面积}$$

（四）湿地公园营建技术

1. 湿地土层结构改造

土壤结构对湿地公园的营建起着重要作用。砂土营养物含量低，植物生长困难，而且砂土容易使水体快速渗入地下，因此，湿地不宜设在最下层。而黏土矿物有利于防止水体快速渗入地下，并可限制植物根系或根茎穿透，因此我们通常采用黏土构筑湿地下层。壤土也可以代替黏土置于底层，但应适当增加厚度。

2. 湿地护岸生态设计

湿地岸边属于水陆交界地带，湿地护岸的营建也是十分重要的，我们需要精心考虑。混凝土砌筑的护岸破坏了湿地对周围环境应有的过滤和渗透作用。而由于人工草坪自我调节能力弱，大量的浇灌、除草、喷药等管理措施极易导致残余化学物质流入水体造成污染。

对湿地岸边环境进行设计的科学做法是以自然升起的湿地基质的土壤沙砾代替人工砌筑，并在水陆交接的自然过渡地带种植湿生植物。这样既能加强湿地的自然调节功能，又能为鸟类、两栖爬行类动物提供理想的生活环境，还能充分发挥湿地的渗透作用和过滤作用。此外，从视觉效果上来说，这种过渡区域能形成自然和谐而又富有生机的景观。

3. 水体面积及水位控制

一般来说，湿地的面积与水力负荷相关，而与微生物对污染物的降解过程无关。湿地的长度与水体的停留时间、污染物的吸附程度相关。湿地的长宽比在 3:1 至 10:1 之间为佳。对于芦苇湿地，长度一般应为 20 至 50 米。湿地顺水流方向应形成一定的表面坡降比，以利于水体流进湿地，并形成表面过径水流。

在美国、加拿大、欧洲，湿地体积大致等于来自不透水地面 13 毫米的径流量。专家建议，计算湿地表面积不需要考虑它的收集容积，而是用汇水面积的百分数来计算。有较多的不透水面积的汇水流域会比有较少的不透水面积的汇水流域产生更多的径流量。

自然湿地中有季节性积水、常年性积水等不同的水位形态。因此，在 营建湿地公园时，我们应遵循这一规律，创造不同的自然水位。一般而言，常水位应与地区地下水位线基本一致，我们可以根据人工湖池底的不同构造来控制水位，此外，我们还应充分考虑枯水期补充水源等问题。在降雨时，水位会超过旱季的水位，因此，湿地植物必须避免长时间地被淹没。湿地植物被淹没的最大深度可用来确定湿地的表面积。实际上，只要洪水时间不是太长，所有的湿地植物都可以生存。虽然在设计时排水大致需20个小时，但是这并不意味着收集容积区总是空的，因为一系列频繁的降雨将使其长时期被充满。雨季淹没的最大深度应保证大部分植物能够生存并发挥其功能。在一定程度上，超高深度取决于被种植的水生植物的种类，因为有一些植物长得很高。

4. 基床表层设计水深

湿地基床的设计水深应根据栽种的植物种类及根系生长深度来确定，以保证有氧条件下的最大水深，取得较好的处理效果。人工湿地中使用最多的水生植物为香蒲、芦苇、灯芯草、宽叶香蒲。植物根系的深度决定湿地的深度。香蒲在水深0.15米的环境中生存占优势；灯芯草在水深0.05至0.25米的环境中生存占优势；芦苇生长在岸边和水深1.5米的环境中，在潜水中是弱竞争者。香蒲和灯芯草的根系主要在0.3米以内的区域，芦苇的根系达0.6米，宽叶香蒲的根系则达到0.76米。芦苇和宽叶香蒲常被用在潜流型湿地中，它们较深的根系可扩大污水的处理空间。

5. 湿地植物配置设计

第一，应根据湿地所在区域的自然气候条件、湿地的用途及特征选择适宜的植物。第二，在湿地的演化过程中，常有外来物种侵入，这有可能对湿地产生巨大影响。人工配置的湿地植物随着时间的推移，在物种数量上会有很大差别。因此，需要对湿地公园进行长期的定位监测和人为控制。第三，需要特别关注植物群落的最大生物量。植物生产率的估算主要是由最大生物量来决定的。植物群落的最大生物量是湿地生态系统健康的重要指标，也代表着湿地演替的相关阶段。湿地公园应尽量选择本地植物品种，以及能被更好地利用的植物品种，同时，还应避免外来物种的入侵，以免造成本地植物在生态系统内的物种竞争中失败甚至灭绝。

高等水生维管植物一般可作为人工湿地的种植植物。不同生长环境适宜的湿地植物是不同的。但所选择的湿地植物通常应具有下列特性：能忍受较大变化范围内的水位、含盐量、温度和pH值；是在本地适应性好的植物，最好是本地的原有植物；被证实对污染物有较好的去除效果；有广泛的用途或较高的经济价值。

6. 生态管理措施

在湿地植物的种植上，一方面，应尽可能地在水陆过渡地带保持一定的自然湿地生境作为缓冲区，采取适当的生态管理措施，确保其自然演替和自然恢复过程，以利于湿地功能的发挥；另一方面，植物群落的物种及其组成应与湿地生境的自然演替过程相符合，以便有效地促进并加速其恢复过程。在必要时，应采取分阶段的种植模式，先营造先锋植物群落，待湿地生境特点与立地条件改善后再构建目标植物群落。

湿地生态管理措施的制定及实施过程的关键是确定植物的目标种。在不同的生活环境中和演替的不同阶段中，构成目标种的植物种类有所不同。湿地生态管理措施应有利于保持目标种生境类型的稳定性。在拥有大面积湿地的城市中，湿地植物群落建设应与生态管理措施结合起来，这样才能有效地保护和利用湿地资源。

图5-2-1为杭州西溪国家湿地公园，图5-2-2为河北白洋淀湿地。

图 5-2-1　杭州西溪国家湿地公园

图 5-2-2　河北白洋淀湿地

三 学习任务

任务目的

1. 掌握湿地公园规划设计的内容和方法。
2. 能够灵活运用各景观元素配置原则进行湿地公园的规划设计。
3. 能够规范绘制湿地公园规划设计的平面图、立面图、效果图。
4. 能够编写湿地公园的设计说明书和植物名录。

任务内容与要求

1. 综合运用湿地公园规划设计的相关知识对给定的特殊公园项目进行规划设计，呈交一套完整的设计文件（包括设计图纸和设计说明）。

2. 所有图纸的图面要求表现力强、线条流畅、构图合理、清洁美观，图例、文字标注、图幅等符合制图规范。

3. 设计说明要求语言流畅、言简意赅，能准确地对图纸进行补充说明，体现设计意图。

任务实施

1. 项目分析：做好设计前的准备工作，了解、调查当地的地形、地质、地貌、气候等自然条件。

2. 收集资料：查阅湿地公园设计的相关规范，并收集、整理基础图纸等相关资料。

3. 制定方案：做出总体方案初步设计，经过研讨与修改，确定最终的设计方案。

4. 完成设计：依据总体方案绘制设计图纸，包括总平面图、主要景观的立面图、局部效果图等。

5. 编制设计说明书，编写植物名录和其他材料。

任务三　农业观光园规划设计

学习目标	能力目标	素质目标
1. 了解农业观光园的类型和特点。 2. 掌握农业观光园规划设计的方法和内容。	1. 能够结合实际，分析农业观光园的组成要素及其各自的设计要点。 2. 能够根据农业观光园的风格和性质，进行农业观光园的规划设计。 3. 能够绘制相应的平面图和效果图，同时能够进行农业观光园设计方案的评赏。	1. 具有善于观察和分析问题的能力。 2. 具有善于借鉴和应用的能力。 3. 具有严谨的创新精神和求实态度。

知识准备

一、观光农业概述

观光农业是一种特殊的农业形态，它将“农业”和“旅游”结合起来，二者缺一不可。因此，观光农业具有两方面的特征。它以开发农业资源为前提，以农事活动为基础，与旅游相结合，集农业生产、农业展示、农业经营、旅游观光、休闲娱乐于一体，既不同于传统农业，又不同于传统旅游业。对于农业而言，它在农业产值之外增加了旅游产值，体现了一种新型的农业经营形态。对于旅游业而言，它与农业联系在一起，将旅游活动向农业领域拓展，丰富了旅游活动的内容，扩大了旅游活动的范围。

（一）观光农业的兴起

1. 现代农业发展的必然趋势

农业发展经历了原始农业、传统农业和现代农业三个阶段。现代农业贯穿了第一产业、第二产业（如农产品加工）和第三产业（如农业观光旅游）。农业和观光相结合后，能够促进农业结构的优化。

2. 产业的多元化发展

随着现代社会的发展，旅游业朝着多元化、多层次和多效益的方向发展。观光农业将农业和旅游业有机结合起来，实现农业的多方面价值，同时促进农业和旅游业的多元化发展。

3. 城市化进程的加速发展

城市化进程加快，就业机会增加，收入水平也相应提高。在具有一定消费能力的基础上，出游成为人们调节压力、舒缓身心的主要手段。

4. 各类基础设施的完善和提高

公路、高速公路的普及大大加强了农业观光园的可达性，进而提高了游憩活动的机动性，刺激了人们游憩的意愿。同时，现代媒体业发挥巨大的宣传作用，扩大了观光农业的影响力。

（二）观光农业的特点

1. 产业的复合性

观光农业以农业资源的开发为基础，以农业生产为依托，具有一定的生产性。同时，结合旅游的经营手段，观光农业具有农业和旅游业双重产业属性，具有“农游合一”的特点。

2. 景观的多样性

观光农业融合农业和旅游业的资源，呈现出多样的景观特色。园区有山川河流的自然景观，有农田果林的乡土景观，有农业生产的设施景观，有民风民俗的人文景观等。

3. 游憩的丰富性

园区为游客提供丰富多样的活动，有以欣赏自然和人文景观为主的观光类活动，有强调游客亲身参与的体验类活动，有以休闲、健身、娱乐活动为主的娱乐类活动，有起到寓教于乐效果的教育类活动，有度假类活动等。

4. 内容的多样性

观光农业的类型多样，观光农园让游客亲自摘果、摘菜、赏花、采茶，享受田园生活的乐趣。民俗农庄利用农村的自然环境、景观和当地文化民俗，让游客接触、认识和体验农村生活。科普教育农园利用农场环境和产业资源，使其成为学生体验书本知识的场所。

5. 管理的全局性

观光农业虽然依托第一产业、第二产业和第三产业，但是仍以农业为基础。观光农业主体资源易遭到破坏。因此，观光农业的双重性、游客参与形式的多样性，要求管理者必须从整体上对资源和游客行为进行高度关注。

（三）观光农业发展概况

我国自古以来就是一个农业大国，农业资源众多。但农业生产还是以解决人口温饱问题为主，因此观光农业起步较晚。

1. 我国观光农业发展概况

我国观光农业大体上经历了萌芽起步、初步发展、较快发展和规范提高四个阶段。从四个发展阶段来看，观光农业经历了五个重大转变：从发展上看，从农民自发发展，向各级政府规划引导转变；从休闲功能上看，从简单的"吃农家饭、住农家院、摘农家果"，向回归自然、认识农业、怡情生活等方向转变；从空间布局上看，从最初的景区周边和个别城市郊区，向更多的适宜发展区域转变；从经营规模上看，从"一家一户一园"的分散状态，向园区和集群发展转变；从经营主体上看，从以农户经营为主，向农民合作组织经营、社会资本共同投资经营转变。

在国家政策的支持下，各个省市的观光农业的发展取得了可喜的成绩。北京市依托大城市人口多、郊区农业资源丰富的特点，大力发展观光农业，经营形式包括观光果园、观光农园、观光养殖园和综合性的观光休闲度假村。深圳市在20世纪80年代后期，首先开办荔枝节，随后又开办采摘园，开创中国观光农业的先河。深圳市的观光农业园区主要有深圳西部海上田园、深圳市农业现代化示范区、龙岗区碧岭生态村、石井园艺场、奇蔬世界、西丽荔枝世界等。浙江省则把发展农家乐休闲旅游业作为统筹城乡发展、推进新农村建设的重要内容，作为拓展农业功能、促进农民增收的新的增长点，有力地带动了特色农业和农村经济的发展。湖南省的休闲旅游农业不仅在数量上有较快的发展，而且在品质、特色上有较大的提高，围绕历史文化、科技教育、民族风情、农耕文化等主题，逐步打造出了一批特色鲜明的园林生态农业型、垂钓休闲型、农村风景旅游型、历史人文景观型、特色餐饮休闲型、科技园区型产业集群。

2. 国外观光农业

自20世纪70年代以来，观光农业在日本、美国等发达国家形成了一定的产业规模。在欧洲，农业旅游被称为"乡村旅游"，人们到乡村旅游度假。大批游客为农庄带来了可观的旅游收入。欧洲的农业旅游，已经历了19世纪30年代的萌芽期、20世纪中期的发展期，于20世纪80年代后步入发展的成熟期，并走上了规范化发展轨道。

德国的乡村旅游发展得很早，德国政府在倡导环保的同时，大力发展观光农业。德国的观光农业体现在德国的村庄建设上，德国的乡村在建设和规划上最大的特点是农村自然生态环境与民族民俗传统统一起来，使得自然风光与民族传统具有极大的亲和性。

意大利于1865年成立了"农业与旅游全国协会"。农业旅游在意大利被称为"绿色假期"。意大利将农业发展与生态保护及旅游开发很好地结合起来，利用农业自然资源的优势将城乡统一起来，开发新的旅游观光项目。这种"绿色农业旅游"的经营类型多种多样，经营者增加一系列具有文化教育功能和休闲娱乐功能的设施，使乡村成为一个"寓教于农"的"生态教育农业园"，"绿色农业"和"生态农业"的概念被意大利人广泛接受。

法国的农业在世界农业中占有举足轻重的地位。法国现有很多农场。这些农场大致可分为畜牧农场、谷物农场、葡萄农场、水果农场、蔬菜农场等。法国旅游局鼓励更多的经营者来中国促销自己的产品，以满足客户的需求，带给他们更好的旅游体验。

美国观光农业最主要的形式是度假农庄和观光牧场。在美国，观光农业被认为是“乡村和城市交流的一座桥梁”，得到各级政府的高度重视。美国农业旅游园分为官办和私营两种类型。官办的农业旅游园最早出现在国家公园里。目前，美国观光农业的主要形式是耕种社区或市民农园。

日本于 1992 年颁布了《新的食品、农业、农村政策的方向》，首次以政府正式文件的形式提出观光农业旅游的概念。1994 年以后，以观光农园、市民农园和农业公园为主要形式的绿色观光农业发展格局逐渐形成。日本观光农业大体上可分为四大类型：一是农林业公园型，主要为都市近郊的农林主体公园，包括观光农业公园、林业体验和野营公园等；二是饮食文化型，利用农林产品、水产产品进行餐饮零售，使当地土特产品牌化；三是农村景观观赏和山野居住型，主要是在山区和半山区的村落建造住宅区和附带农园的别墅，吸引城市居民来购房居住和观赏山景；四是终身学习型，城市居民在农村参加以农林产品、水产品生产和农村环境保护为主题的农林水产业研修课程，体验农村生活，学习生态环境保护知识等。

新加坡的农业旅游是建立在农业园区综合开发基础上的复合型产业。农业园区内建有农业旅游生态走廊、水栽培蔬菜园、花卉园、热作园、鳄鱼场、海洋养殖场等，供市民观光，还相应地建有一些娱乐场所。经过多年的建设，新加坡农业园区已成为集农产品生产、农产品销售、农业景观观赏、园区休闲等于一体的科技园区，成为与农业生产紧密融合、别具特色的综合性农业公园。

二、农业观光园的景观要素

农业观光园的景观要素是多种多样的，主要分为以下几个方面。

（一）环境要素

自然环境是由地形、地貌、气候、水文、土壤和动植物等要素有机组合而成的自然综合体，是形成农业观光园景观的基底和背景。这些自然环境要素受到地带分布的影响，呈现出明显的地域性，对农业观光园景观的形成发挥着不同的作用。

（二）景观要素

1. 生产景观要素

生产性是农业观光园不同于其他类园区的一个重要特征，这个特征也决定了农业观光园景观要素具有特殊性和多样性。农业生产景观带来的田园风情是农业观光园的魅力所在。生产景观要素包括生产用地、生产方式、生产设施、生产作物等。

农田、水塘、林地、草地等不同类型的生产用地满足了农、林、牧、副、渔等行业生产的需 要，形成了生产性景观的基底。生产方式有很多。由于受到自然资源、气候等的影响，不同地域会产生独具地方特色的生产方式。生产设施也是影响生产景观的一个重要因素。根据生产方式的不同，生产设施可分为传统农业设施和现代农业设施。传统农业设施主要服务于传统农业。现代农业设施主要包括温室、大棚、农田水利设施等，这些现代农业设施展现了现代农业技术，有利于培育出优良的新、奇、特产品。高科技的景观也满足了游客参观、学习的需求。

生产作物包括种植业产品、养殖业产品等。种植业产品包括五谷、油料、蔬菜、瓜果、林木、花卉等。养殖业产品包括牲畜、家禽、水生动物等。多样的农作物种类为观光农业的开发提供了丰富的农业景观素材，不仅可以提供新鲜的绿色食品，而且可供开展瓜果采摘、垂钓打捞等活动，使游人感受丰收的喜悦。在农业观光园的景观规划中，我们应根据农作物的特点进行合理安排，创造季相丰富、形式多样的农业景观。

2. 人工景观要素

人工景观是在自然环境景观的基底上进行改造形成的景观。人工景观的类型、强度反映了人类对自然环境景观的干扰强度和干扰方式。人工景观要素包括建筑物、各种景观设施、道路，也包括农业设施和水利设施等。

（三）文化要素

文化要素是指在与自然环境相互作用的过程中，在了解自然、利用自然、改造自然和创造生活的实践中形成的历史遗存、文化形态、社会习俗、生产生活方式、风土民情等。文化要素是农业观光园景观中最为重要的文化特征，也是地域特征的重要体现。

（四）生活要素

生活要素是农业观光园生活气息的体现。人们在游览农业观光园的过程中，会有观赏田园风光、学习农业知识、体验农业生产劳动、休息等活动。生活要素与其他景观要素结合起来，使农业观光园形成不同的风景。

三、农业观光园景观规划设计

（一）建设条件分析

1. 背景

（1）较好的区域经济水平

从观光农业的发展过程可以发现，观光农业的发展和当地的经济发展水平具有密切的关系。观光农业需要在传统农业生产经营的基础上引进先进的技术，提高产品的质量，开发新品种。经济发达地区具有雄厚的资金实力，这决定了农业观光园建设的水准。

（2）良好的农业基础

观光农业发展的基础是农业，农业观光园的建设离不开农业生产基础和农业资源的利用。良好的农业生产基础和农业资源是农业观光园建设的基础条件，同时，所在地域主要农副产品的种类和数量也会影响农业观光园的发展方向。

（3）丰富的旅游资源

丰富的旅游资源能够促进整个地区旅游业的发展，也会带动观光农业的发展。一些农业观光园借助所在区域丰富的旅游资源、较高的知名度、完善的基础设施和充足的客源，扩大市场影响。

（4）充足的客源市场

农业观光园要产生一定的经济效益，还必须吸引一定数量的游客前来观光、旅游，带动经济效益的提升。客源市场是农业观光园营建时必须要考虑的因素，是项目开发、实施的基础。

（5）便利的交通条件

交通的便捷性是农业观光园建设选址的关键。首先，交通条件会影响居民的出行。其次，交通条件关系到相应的配套设施的建设。

（6）地方政府部门的支持

农业观光园的建设符合国家的产业政策导向，地方政府部门在国家政策方向的指导下，可以在土地征收、科技支撑、人才引进、税收优惠和资金扶持等方面给农业观光园提供相应的优惠政策。另外，政府部门可以发挥宏观调控能力，从宏观上把握本地区观光农业的发展，合理分配农业资源，调控农业观光园的数量、规模、结构等，突出农业观光园的发展特色，避免重复开发、浪费资源。

2. 自身建设条件

农业观光园所在地的自然资源、人文资源、完善的基础设施及科学合理的论证规划等条件直接影响到农业观光园的建设。具体表现如下。

（1）优美的自然资源

优美的自然资源是发展旅游的前提条件。一般来说，农业观光园都建在自然环境较好的区域，这为农业观光园后期的开发、建设奠定了良好的基础。

（2）独特的人文资源

久居城市的游客到农业观光园游玩，除了欣赏自然田园风光以外，更主要的是体验浓郁的民俗风情，参与各种农事活动，感受在城市公园里不能领略到的风土人情。这就要求农业观光园所在地区具有独特的民俗风情和乡土文化。当地的人文资源增加了农业观光园的文化价值，也提升了游客的文化品位。

（3）丰富的农业资源

丰富的资源可以为农业观光园的发展提供良好的产业资源，可以减少后期建设、投资成本。

（4）完善的基础设施条件

水电、交通、通信等基础设施是农业观光园建设不可缺少的条件，关系到建设的规模，以及投资和实施的难度等问题。

（5）科学合理的论证规划

农业观光园的建设涉及生态、景观规划、农业、旅游等多个领域。在建设前期，相关领域的专家学者需要就可行性进行充分论证。在明确可行性的基础上，相关规划设计部门需要对园区进行整体的规划布局，合理配置各种资源，确定开发模式、管理机制。

（二）规划原则

1. 因地制宜

规划应以不妨碍农村自然生态、田园景观为前提。我们应将农业观光园建设纳入所在城市的总体规划中。

2. 生态保护

生态保护是指运用生态学理论，充分结合现状，合理运用各种景观要素，对环境进行保护、恢复与整治，尽量减少对自然环境的破坏。我们可以通过农业生态学、产业生态学促进园区生态农业生产，通过景观生态学研究农业景观的结构、功能和变化，促进整个园区的可持续发展。

3. 以农业为核心

农业观光园不能脱离农业基础，农业观光园规划的关键是在把握好整个园区布局的前提下，以农业为核心，根据不同园区的类型，合理布局各个景观分区，采用农业高新技术，建立快速、低耗、高效的现代农业生产模式。

4. 突出特色

无论是对于侧重农业生产的园区来说，还是对于侧重旅游观光的园区来说，景观规划都不同于一般意义上的公园景观规划。在规划时，我们要突出产业特色，体现农业内涵，充分体现农业特征，进行合理分区，以满足生产和观光的不同需求。

5. 资源整合

景观资源种类有很多。我们要结合当地的经济状况、基地的现状，以及园区的类型和主题，从全局的角度进行综合考虑，研究各类要素的关系，筛选合适的资源，使农业观光园发挥生产、示范、观光、游憩、体验、教育等多样功能。同时，我们要注重当地的历史人文、农耕文化、民俗风情等，凸显农业观光园的文化品质，追求环境效益、社会效益和经济效益同步提高。

（三）规划定位

理想的农业观光园应该能创造一个优美的生态环境，具有合理的空间结构和分区布局，整合利用各类景观资源，突出景观特色和产业特色。

景观规划的定位受到区位条件、环境资源、客源市场、产业内容等因素的影响。对景观规划的定位起决定性作用的是农业观光园的产业内容。

在景观规划时，以产业生产为主的农业观光园要以农业生产、示范为重点进行布局，以农业生产来带动观光旅游的发展。南京溧水傅家边现代农业观光园项目规划就充分体现了其主导产业。溧水曾是青梅的重要产地，具有良好的产业资源基础，其梅花园是我国最大的人工养护的梅花园。其规划的总体定位为“无想之境，万梅之约”，重点挖掘梅文化和无想文化。其整体布局为“一核两带三主题”，一核是指中华梅园。中华梅园是展示梅文化和梅产业的核心区域，是整个园区着力打造的品牌和形象。

在景观规划时，以旅游观光为主的农业观光园应重点考虑利用各类农业资源创造优美的景观、丰富的活动、鲜明的特色，以旅游观光促进农业生产发展。深圳青青世界就是以休闲度假为主题的观光农场，其定位充分体现了园区休闲观光的特色。深圳青青世界分为旅游服务区、农业旅游区、休闲别墅区，既考虑生产、观光和休闲度假之间的分隔，又注重它们之间的融合，重点突出旅游服务和休闲度假的功能。

（四）分区规划

农业观光园的分区规划应该建立在充分分析现状、整合利用各类资源、合理开发各类资源，以及满足生产、观光等需求的基础上。每种类型的景观都具有多种功能，并且相互之间具有一定的交集。同一种景观类型，会产生不同的活动类型；而同一种活动类型，会体现不同的景观类型。

农业观光园没有固定、统一的分类模式。由于发展定位、资源类型等不同，不同的农业观光园会有不同的分区类型。但是，就其本质来说，农业观光园主要分为景观观赏区、生产示范区、休闲娱乐区、服务管理区。

1. 景观观赏区

景观观赏区包括一些以自然景观和人文景观为主的观赏区域。景观观赏区以保护生态环境和观赏为主，具体包括自然景观区、田园风情区、花木观赏区等相关分区。

2. 生产示范区

生产示范区以农业生产、示范为主，结合适当的研发、教育、文化、游憩等活动内容，具体有农业生产区、科技示范区、科技研发区、科普教育区、农业展示区等相关分区，体现了农业观光园的生产功能。

农业生产区、科技示范区、科技研发区以农业生产、示范、科研开发为主，可以集中为一个分区，作为生产示范区，也可以根据产业的规模进行适当细分。在以产业生产为主的生态观光园中，农业生产区、科技研发区是整个园区的核心区域，应该得到严格保护，根据需要，其局部严禁游人进入。

由此可以看出，在以产业生产为主的观光园内，生产示范类分区是主要的类型。在分区规划时，我们应重点考虑，根据产业特色，细化分区，以满足各类生产的需求。

3. 休闲娱乐区

休闲娱乐区围绕园区的产业特色、景观特色开展各类休闲娱乐活动，强调参与、体验等游憩功能，具体有文化体验区、农事活动区、健身娱乐区、休闲度假区、餐饮娱乐区等，体现了农业观光园的观光功能。

4. 服务管理区

服务管理区主要为园区的正常运行提供相应的管理服务。规模比较大的园区会设有专门的管理区。有的园区则结合主入口或结合餐饮进行设置。

综合来看，农业观光园没有固定的模式，基本上都会涉及这些分区类型。但具体到每个分区，农业观光园可根据自身的定位和发展目标，选择适合的分区。

学习任务

任务目的

1. 掌握农业观光园规划设计的内容和方法。

2. 能够灵活运用各景观元素配置原则进行农业观光园的规划设计。

3. 能够规范绘制农业观光园规划设计的平面图、立面图、效果图。

4. 能够编写农业观光园的设计说明书和植物名录。

任务内容与要求

1. 综合运用农业观光园规划设计的相关知识对给定的农业观光园项目进行规划设计，呈交一套完整的设计文件（包括设计图纸和设计说明）。

2. 所有图纸的图面要求表现力强、线条流畅、构图合理、清洁美观，图例、文字标注、图幅等符合制图规范。

3. 设计说明要求语言流畅、言简意赅，能准确地对图纸进行补充说明，体现设计意图。

任务实施

1. 项目分析：做好设计前的准备工作，了解、调查当地的地形、地质、地貌、气候等自然条件。

2. 收集资料：查阅农业观光园设计的相关规范，并收集、整理基础图纸等相关资料。

3. 制定方案：做出总体方案初步设计，经过研讨与修改，确定最终的设计方案。

4. 完成设计：依据总体方案绘制设计图，包括总平面图、主要景观的立面图、局部效果图等。

5. 编制设计说明书，编写植物名录和其他材料。

参考文献

[1] 赵建民. 园林规划设计[M]. 3版. 北京：中国农业出版社，2015.
[2] 董晓华，周际. 园林规划设计[M]. 3版. 北京：高等教育出版社，2021.
[3] 黄清俊. 小庭院植物景观设计[M]. 北京：化学工业出版社，2011.
[4] 苏雪痕. 植物景观规划设计[M]. 北京：中国林业出版社，2012.
[5] 刘玉华. 园林工程[M]. 北京：高等教育出版社，2015.
[6] 汪辉，汪松陵. 园林规划设计[M]. 北京：化学工业出版社，2012.
[7] 胡先祥，肖创伟. 园林规划设计[M]. 北京：机械工业出版社，2007.
[8] 巢新冬，周丽娟. 园林规划设计[M]. 杭州：浙江大学出版社，2012.
[9] 程双红. 园林规划设计[M]. 重庆：重庆大学出版社，2015.
[10] 姚亦锋. 城市景观与风景名胜规划[M]. 南京：南京大学出版社，2011.
[11] 刘新燕. 园林规划设计[M]. 2版. 北京：中国劳动社会保障出版社，2017.
[12] 郑永莉，高飞. 园林规划设计[M]. 北京：化学工业出版社，2020.
[13] 屈海燕. 园林植物景观种植设计[M]. 北京：化学工业出版社，2013.
[14] 孙筱祥. 园林艺术及园林设计[M]. 北京：中国建筑工业出版社，2011.
[15] 徐静凤，丁南. 园林规划设计[M]. 北京：清华大学出版社，2018.